Love, Hate and Reparation

爱·恨与修复
梅兰妮·克莱因与琼·里维埃演讲录

[英]梅兰妮·克莱因　琼·里维埃◎著
　（Melanie Klein）　（Joan Riviere）

吴艳茹◎译

中国轻工业出版社

图书在版编目（CIP）数据

爱·恨与修复：梅兰妮·克莱因与琼·里维埃演讲录／（英）克莱因（Klein, M.）等著；吴艳茹译．—北京：中国轻工业出版社，2014.2（2025.7重印）

ISBN 978-7-5019-9509-7

Ⅰ.①爱…　Ⅱ.①克…②吴…　Ⅲ.①情感-文集　Ⅳ.①B842.6-53

中国版本图书馆CIP数据核字（2013）第256684号

责任编辑：刘　雅　　责任终审：杜文勇
策划编辑：阎　兰　　责任校对：刘志颖　　责任监印：吴维斌

出版发行：中国轻工业出版社（北京鲁谷东街5号，邮编：100040）
印　　刷：三河市鑫金马印装有限公司
经　　销：各地新华书店
版　　次：2025年7月第1版第10次印刷
开　　本：850×1168　1/32　印张：3.75
字　　数：57千字
书　　号：ISBN 978-7-5019-9509-7　定价：18.00元
读者热线：010-65181109
发行电话：010-85119832　　010-85119912
网　　址：http://www.chlip.com.cn　http://www.wqedu.com
电子信箱：1012305542@qq.com
版权所有　侵权必究
如发现图书残缺请拨打读者热线联系调换

251088Y2C110ZYW

前　言

本书在某种意义上是精神分析发展上的新起点。它试图通过日常语言表达饮食男女日常行为和感受背后更为深层的心理过程。在此之前这一主题没有被这样处理过，而它也需要读者调整自己的思路以欣赏无意识心灵的工作方式。本书并没有给出所得出的结论的证据，因为要这样做的话，这本书的篇幅将是现在的 20 倍。个体在试图处理这些无意识过程时所经历的漫长而痛苦的挣扎，他试图把难以忍受的想法和冲动挤出意识之外的方式，还有最后那些被埋藏的想法重见天日，它们解释了这个人身上其他途径无法解释的事情，该个体的意识不断增长的过程——所有的这些分析师能够提供的而且令人信服的资料不得不被省略掉。

读者应该要警惕两种倾向，如果让这两种倾向发展的话，会使得读者误解本书所阐述的主题。读者要避免犯把小孩子的有意识的心理归结于只有在以后才发展的心理过程这样的错误。而且读者要记住，无意识的心理运作的规律与意识层面更合理的心理运作规律是很不一样的。对精神分析的很大的误解源于不能够理解这一事实：无意识的思维和感受方式不仅是无意识的，而且很难理解。

在本书的心灵博览中，作者把成人生活中的很多东西追溯到婴儿期，并显示成人的很多特征是早期思维模式持续的证据。从儿童到成人和从成人到儿童，这种来回的切换根植并贯穿于本书主题中，初读时可能会令人迷惑。事实上，成人的无意识与儿童的心理并没有很大的不同，因此必须认识到，在一定意义上，精神分析师的确认为成人有着婴儿的思维，与此同时需要区分成人和婴儿的人格和思维模式。本书的大部分思想是基于 Klein 女士对儿童情感和心理生活的发展的研究工作。可以这么说，这些研究以及从中得出的结论依然经得起批判的考验，并能进一步得到应用。

John Rickman

11 Kent Terrace, Regent's Park,

伦敦, N.W. 1.

1937 年 7 月

作者简介

Joan Riviere 和 Melanie Klein 均对精神分析运动在英国和英语世界的发展起了重要作用。Joan Riviere 最为人称道的是她对弗洛伊德著作超凡卓越的翻译。就如 James Strachey 所说，她在 20 世纪 20 年代翻译的《精神分析导论》，"使得英语读者有可能第一次意识到，弗洛伊德不仅是科学大师，还是个散文家。"Riviere 女士 1922 年在维也纳师从弗洛伊德，几年后作为非专业的分析师开始在伦敦执业。她在晚年致力于《国际精神分析杂志》艰辛的编辑和翻译工作。

Melanie Klein 是儿童精神分析领域的先驱，她是第一个专注于发展适用于儿童的精神分析技术的分析师。她的著作《儿童精神分析》全面体现了她对精神分析这一重要领域的贡献。她还和 Paula Heimann、Susan Isaacs 以及 Joan Riviere 合著了《精神分析的发展》。

目　录

前言 ············ I

作者简介 ············ III

上 恨·贪婪·攻击 ············ 1

攻击 ············ 3

投射 ············ 9

分配 ············ 13

拒绝 ············ 15

贬低和轻蔑 ············ 16

妒忌 ············ 22

贪婪 ············ 23

妄想的仇恨 ············ 24

对异性的妒忌 ············ 26

竞争 ············ 31

热衷于权力 ············ 34

嫉妒 ············ 36

良知、道德和爱 ············ 40

注释 ············ 46

下 爱·内疚·修复 51

- 婴儿的情感状态 52
- 无意识的内疚感 55
- 与父母关系中的爱和冲突 56
- 爱、内疚和修复 58
- 认同并修复 59
- 幸福的爱的关系 60
- 养育子女：关于做母亲 65
- 养育子女：关于做父亲 69
- 家庭关系中的困难 70
- 爱的伴侣的选择 75
- 获得独立 77
- 学校生活中的关系 81
- 青春期的关系 82
- 友谊的发展 84
- 成年生活中的友谊 85
- 爱的更宽广的方面 88
- 内疚感、爱和创造性 91
- 与我们自己和与他人的关系 94
- 注释 102

译后记：缘分的天空 109

上

恨·贪婪·攻击

Joan Riviere

我们将在本书中讨论一些文明社会中男女的情感生活的某些侧面，这些在日常生活中的表现是我们所有人都熟悉的。这些熟悉的情感表现的两个根本来源是人类的两种原始本能：饥饿和爱，或者说自我保存和性的本能。本质上我们的生活都致力于一个双重的目标：确保生存的"养料"来源，并从中获得愉悦。我们知道，这些目标引发深刻的情感，并可成为极大的幸福或不幸的缘由。

要充分地去展示自我保存、愉悦、爱和恨的相互作用的图景，就如同要去描述和解释人类生活的每种表现。在这两个讲座中① 我们努力勾勒一个大致的轮廓，那么必然在很大程度上要简化，并只能是纲要性的，当中会充满空隙，不能面面俱到。我们只是试着给你关于情感生活的一些主要模式的概念，这些模式可能会在大部分个体或某一类型的人的行为中表现出来。

必须牢牢记住的是，一般而言，恨是破坏性、瓦解性的力量——导向匮乏和死亡；而爱是和谐、统一的力量——导向生命和愉悦。但这需要马上加以限制：因为与恨紧密结盟的攻击，无论是在目标还是在功能上，都绝不是完全破坏性的或使人痛苦的；而源于生命力量的爱紧密地与欲望联结在一起，在行为表现中可以是具有攻击性甚至是有破坏性的。生活的根本目的是活着并且愉快地活着。为了达到这个目的，我们每个人试着去处理和除掉自身的破坏性力量，发泄、转移和合并它们，以获得生活中所能够有的最大限度的安全和愉悦。我们通过无穷多的、微妙且复杂的适应达成了这个目的。每个个体的不同表现主要是两种不同因素作用的结果：爱与恨的倾向（这是在我们每个人身上的情感力量）的力度和环境在生活中对我们的影响，这两个因素从出生到死亡在不断地相互作用着。在这个讲座中我将描述人们尽力处理和获得安全感的方式，这种安全感抵御了自己身上危险的和瓦解性的恨与攻击的力量，如果这些力量太强烈的话，可导致使人痛苦的匮乏状态甚至导致灭绝行为。

攻击

攻击本能，至少在防御这点上，被广泛地认为是人类和大部分动物固有的。另外，攻击冲动是人类心理的根本和基础的元素，这一点似乎也是清楚的；我们只要去看看国际形势，或者在任何托儿所里发生的行为，就能看到这一点。但是除了这些"外部证据"，我想任何普通人都能从自己的经历中知道，坏脾气、自私、吝啬、贪婪、嫉妒和敌意每天都在他周围上演和被觉察，即便他没有那么容易地意识到这些也存在他自己身上。他当然知道日常生活很大一部分的不愉快源于这些情感。当这些情感在别人身上表现出来，以及真的在自己身上表现出来时，我们都要花一部分的时间和精力去设法克服和减轻它们的坏影响。

我们还知道，攻击、残忍和自私的冲动紧密地与愉悦和满足结合在一起，在这些情感的满足中可能伴随着迷恋或者兴奋。比如说，某人在做一个尖刻的反驳后感到的野性的满足或者至少是快意，常可闪现在其眼中。这种易于与攻击情感紧密相连的愉悦在一定程度上解释了为什么它们是如此地具有强制性并难以控制。令人毛骨悚然、残忍的故事、图片、电影、运动、事故及暴行等对那些未曾学习如何减轻这种倾向或使它转向别处的人而言，多多少少是令人兴奋的。我们大部分人在克服障碍或随心所欲时，感到极大的快意。显然，攻击性在为了生存的斗争中，在一定形式上起了相当大的作用。在所有工作领域以及娱乐活动中，我们清楚地看到，那些没有足够的攻击性，那些在遇到阻力时不能坚持自己观点的人是缺乏一种非常有价值的品质的。事实上我们可以说，自我保存和"爱"的本能如果要去获得满足的话是需要与攻击性有某种混合的。也就是说，攻击性这一要素是这两种本能在实际执行中的一个本质部分。

虽然我们都知道，或都应该知道，攻击性情感的确存在于自身和他人身上，但总体上我们并不是很喜欢这种想法，所以无意识地低估它们的重要性，并试图把它们的重要性减到最小。我们不把视线聚焦在这上面，而是把它们放在视野的外缘，不让它们构成我们生活的整体画面的一部分；通过把它们维持在有点模糊的状态，它们就不会显得那么近、那么鲜明、那么真实、那么有活力，因此就不会像我们清晰地看到它们那样令人担忧。这种否认是一种非常原始的处理我们对它们的恐惧的方法；这只是对我们有安慰作用，并不真正有益。此外，科学研究的一个条件是，我们不能只选择一个物体或一件事情的某些部分做细致的考察，而把其他的放在一边；因而，精神分析已经认识到，这些众所周知但又令人不愉快的东西比人们通常认为的更具动力性，有更重要、更广泛的影响。

对这些不友好的情感的一种解释是易被理解的，至少在很多例子上，感受这些情感的人对他们的命运或状况不满意。他们有一种丧失感，无论是因他们不能获得一些生活的必需品还是不能获得愉悦感。不言而喻，攻击，抢劫或伤害的企图等给人带来损失，将激起任何普通人和大部分动物的攻击性。但是除了来自外部的攻击，丧失感和痛苦还有另外的来源。我们内心未被满足的欲望如果足够强的话，会产生类似的丧失感和痛苦，也会如外部的攻击一样激起我们的攻击性。正是这种人类的反应影响着经济问题。众所周知，当人和其他动物缺乏生存资源时，攻击性会被激起，除非他们处在无望的冷漠、绝望和迟钝状态。[②] 另一点也许经济学家比其他人认识得更好，即人类对环境的依赖程度。在一个稳定的经济和政治体系下，我们有大量满足需要的自由和机会，通常我们没有感觉到自己对所处的团体、机构的依赖——除非，比如说，发生地震或举行罢工！那时，我们可能就不情愿地，并常带着深深怨恨地意识到，我们令人可怕地依赖着自然的力量和其他人。依赖被认为是危险的，因为它包含了匮乏的可能性。这种不可能实现的个体自足的欲望浮起，在某些生活情境下，会沉溺于不受约束的自由这样的幻想中，并从中感受快乐。

然而，这当中有一个大的例外——无论我们的生活环境如何，在一种情形下我们都必定有依赖感——那就是在爱的关系中。在那里强烈的欲望仍然无疑地把我们与其他人结合在一起。③ 很显然，在我们生活的各个方面——自我保存、性或追求快乐中，我们都是依赖其他人的。这意味着在生活中某种程度的分享、等待，为其他人放弃一些东西是必然的。但是尽管这增加了共同的安全性，它也会意味着个体安全性的一些损失。所以这些依赖关系易于激起反抗和攻击性的情感。

精神分析通过无数的情境把对依赖的焦虑追溯至我们在婴儿期体验到的最早的焦虑——婴儿对乳房感到的焦虑。吃奶的婴儿事实上是完全依赖于别人的，但是对此他并不感到恐惧，至少在开始，因为他没有意识到他的依赖。事实上，婴儿只意识到自己的存在（母亲的乳房对他而言仅是他身体的一部分———开始仅是一种感觉），而他期待着他所有的愿望能够得到满足。他（或她）想要乳房，因着对它的爱，也可以说，为了吮乳的快乐和平息饥饿感。但是如果这些期待和愿望没有被实现，会发生什么呢？在一定程度上，婴儿开始意识到他的依赖；他发现它不能供给所有他需要的东西——然后他就哭泣和尖叫。他变得具有攻击性。带着恨和攻击性的渴望，他似乎在自动地探索。如果他感觉空虚和孤独，一种自动的反应开始了并很快变得难以控制、压倒一切，攻击性的暴怒带来了痛苦和爆发性的、灼热的、令人窒息的、憋闷的躯体感觉；而这些反过来引起更深的缺乏感、痛楚和恐惧。婴儿无法区别"我"和"非我"；他自己的感觉就是他的世界，就是对他而言的世界；所以当他寒冷、饥饿或孤独时，世界上就没有奶、舒适或愉悦——生活中有价值的东西都消失了。当他被欲望和愤怒折磨时，伴随着难以控制的、憋气的尖叫和痛苦的、强烈的被抽空的感觉，他感到他的整个世界只有苦难；同时，整个世界也是充满血泪、被撕裂和备受折磨的。我们在婴儿期都曾处于这种情境中，这对我们的生活有巨大的心理影响[④]。这是我们第一次经历像死亡一样的事件，认识到某些东西的不存在，认识到好像在我们和他人身上的一种巨大的丧失。这种体验带来一种对爱的意识（在需要的形式上），与此同时与这紧紧结合在一起的是来自内部和外部的痛苦和有毁灭危险的情感和感觉。婴儿的世界失控了，在他的世界里发生了罢工或地震，而这是因为他爱、渴望着某种东西，而这样的爱会带来痛苦和毁坏。然而，他无法控制或消除他的欲望、仇恨或者抓住与获取某物的努力；整个危机摧毁了他的安宁和喜乐。

对这种痛苦状态的直接反应是,他试图重新获得,然后保存某种程度的至乐的安全感,他在感受到缺乏和他的破坏性冲动之前体验过这种安全感。由此我们强烈地渴求着不受威胁的安全感,它们可抵御来自内心和外界的可怕的危险以及难以忍受的匮乏、不安全和攻击的体验。从这里开始,我们踏上了终生的任务之旅,在尽可能少引起我们自身的破坏性冲动下——我们自身的破坏性冲动可能也卷入了别人的破坏性,尽力去赢得我们的自我保存和愉悦。

显而易见,这些早期的情感体验及随之发生的顺应都没有保留在我们的记忆中,也不在我们的意识领域。心灵的无意识部分是这些情感和体验的领地;一直在我们生命中飘动着的爱、恨和恐惧只有一小部分为我们的意识所知。所以,我在这里陈述的许多东西是我们一直没有意识到的。精神分析可被描述为对人类行为动机的研究。迄今为止大部分的人类行为动机是难以解释的,因为大部分是无意识的,即不为我们所知的。

成人所感受和表现出来的恨、攻击、妒忌、嫉妒和贪婪都是早期体验的衍生物,且通常是极其复杂的衍生物,如果我们要存活和获得生活中的愉悦,有必要控制这种体验所衍生的产物。也就是说,无论在成人生活中,这些情感看起来是多么充满攻击性和憎恨,事实上它们在一定程度上是这些情感的更简单、更原始的形式无意识修正和妥协的结果。所有我们获得安全的方法都利用了爱的冲动（生命力），只是有些时候它们表现得看上去不太正常或者很隐蔽，不容易看清。

投射

我们抵御痛苦、被攻击或无助感，给我们保障和安全感的最初和最重要的方法，是我们称为投射的策略。从这当中还引发了很多其他的方法。所有我们心中痛苦、不愉快的感觉或情感都通过这一策略自动地转移到外部。人们认为，它们属于别的地方，不在自己身上。我们否认它们从我们身上生发出来，认为它们与自己没有关系；我们把它们归咎在其他人身上了。当这些破坏性的力量在我们身上被识别出，我们就声称它们是由外在力量强加而来，且应回到属于它们的地方去。对婴儿而言，对愉悦和不愉悦状态、内部好和坏的情感的区别被反射到外部世界，并影响他对周围人与事的好与坏的区分。投射是婴儿对痛苦的最初的反应，且很可能对我们所有人而言，在我们的一生中都是我们对痛苦情感的最自发的反应。[⑤]后来的心理发展使得我们在不同程度上能够审查与控制这种瞬间的原始和主观的反应，并用更能适应我们所处情境的客观真实的其他方法来替代。

日常生活中投射的最简单的例子是"你也一样"。如果有人把不愉快的事物归到我们身上，我们常立即断定事实上这在他身上。但这更经常发生在没有任何挑衅的情况下。它的存在显而易见，比如说，一般人认为其他国家是邪恶、有攻击性的，而自己的国家就没有；或者存在于对与自己相反的政党的观点中。他们做的都是高度危险、有破坏性且自私自利的，而他自己的党派的意图和动机都纯净得超尘脱俗。在工作情境中，相当多的人易于在他们的老板或雇员身上看到自私的占有欲和残忍的攻击性，只要他们自己不在那个位置上。

让我以人对死亡的态度为例来阐述投射这个机制的巨大的力量和广泛的作用。我的看法是我们对运行于自己内心的针对自己的破坏性力量的恐惧甚于其他任何事物。死亡代表了我们所能想象的破坏性的极端，而我们自己的死亡自然代表了运行于我们内心固有的破坏性力量的顶峰。在人类历史长河中，直到18或19世纪，死亡这一事实才作为伴随着体内的破坏性进程的一种内在的必然性被广泛承认。原始人认为死亡是由存在于自身之外的邪恶力量带来的，而在较高的文化中，一个仁慈的外在力量的意志则被认为是对此负责的。即便如此，躯体死亡的事实还是被否认，而以精神不朽的信念来掩盖它。

通过投射，使我们抵御来自内心的对自身的危险成为可能，这也是我们采取的第一步措施。先是在我们自己心中，而后成功地把这种危险定位并集中在我们之外，然后我们进展到下一步的投射机制，通过攻击位于外部的危险来释放我们内在的攻击性冲动。原始的攻击性被视为危险而被排除，并被视为某种坏的东西而被安置到其他地方，被赋予了危险性的客体就成为随之升起的攻击性释放的靶子。如我之前所述，内在沸腾的攻击性和仇恨在最初的情境下是难以控制的；它们似乎在我们体内爆炸，在我们第一次体验它们时淹没、燃烧、窒息了我们的身体。在以后的生活中，人们会感到"气得要爆炸了"，急于抓住他们想要的东西，渴望挖出某人的眼珠子（或撕扯他们身体的其余部分），或为被压制了情感而觉得憋闷、窒息。接下来，他们的思维好像停止运作，无法思考、看清或做任何最简单的事情，工作量大大减少，或暂时只能关注他们的人身安全。所以我们感觉到，如果要这一切不发生在我们身上，这些仇恨和愤怒必须很快在别的地方找到出口。一个对所爱的人充满了仇恨的小孩会去打别的孩子或折磨他的洋娃娃，一个对老板生气的男人会去咒骂他的妻子。这些就如古老成语所言——指桑骂槐。原始人对天气失望时打骂他们的崇拜物。我们还在跟我们距离得比较远的，或者是有安全距离的人身上看到邪恶的东西，因为不像待周围亲近的人，我们没感到有爱这些人的必要；我们选择外国人，或者资本家，或者妓女，或者特别受憎恨的种族——人们觉得只要他们喜欢就可以去憎恨的一些群体。这些攻击性的行动和态度是（特别对我们的无意识心灵而言）释放仇恨和报复的相对安全的方法。如果与这些冲动的简单、原始、最深层的形式相比，即去掠夺和毁坏我们所依赖的人的报复性的驱力，这些人可能同时是我们强烈地爱和欲望的对象（在童年期，去毁坏母亲本人或者母亲爱着的、作为她自己的一部分拥有着的父亲或孩子）。

我们把人划分为"好"和"坏"——一些是我们喜欢或者爱着的，一些是我们不喜欢或者憎恨的，由此我们试图隔离和定位这些情感并使他们彼此互不干扰。这样的划分还使得我们能通过满足我们的攻击性情感来获得愉悦，同时我们希望，这不会给我们自身招致相应的危险。就如同我们在屋子里准备了容器来安全地接收令人不快的、有害的身体排泄物，我们也给自己准备了客体，作为我们的攻击性和仇恨的安全的靶子。两者都是典型的方式，一个是躯体性的，一个是心理性的。通过我们的努力在一定程度上保护了我们自己和我们所爱的人、我们的生存和愉悦所依赖的人的生命、健康和清明神志。然后我们就把这些敌意和憎恨释放在我们自己造出来或带来的令人讨厌的物体或人身上。日常生活中另一个置换的例子是小孩子通常不喜欢自己的堂表兄妹，特别是当他们与自己的亲兄弟姐妹的关系非常好的时候。堂兄弟其实成了被压抑了的对亲兄弟的恨的承受者。（反过来，堂兄弟姐妹也可以得到没有给予亲兄弟姐妹的爱。）小孩子常很憎恨父母希望自己交的朋友，当然这主要是因为他的父母喜欢并欣赏这些孩子，与此同时他感觉父母老是谴责和干涉自己。这些"好"孩子对他而言似乎就是绝对可怕的了！

所有一开始与人连结在一起的感觉可以被置换到物体上；这是另一个更安全地存放自己的感情的方式。比如说，假设一个女人突然认为她的衣服都是"毫无生机的"、"死气沉沉的"、破旧且丑陋的。我们首先看到，她最深的恐惧是，她自己身上没有足够的生命力（或者说，没有足够的爱，这是肉体生命力的心理表现），这使得她得依赖于衣服来弥补这个不足。然后她把自己，或者她无意识地觉得自己身上"毫无生机"和"死气沉沉"的那部分投射在衣服上，并把它们作为自己的敌人，会伤害自己而去攻击它们。接下来，也许她会诱使丈夫给她买些新衣服，由此在他身上为她的贪婪和攻击性找了个出口；但与此同时，她避免了直接和危险的表达方式，避免了偷窃他，避免了谴责或惹恼他，避免了严重的争吵和使他们之间的爱完全丧失的危险，从而挽救了自己和丈夫。

分配

在这个机制中我们可以看到，"分配"在对我们的爱与恨的情感生活的调节中所具有的巨大的重要性，就如同它在人类的其他经济系统中所具有的重要性一样。我们的恨比爱更能被自由地分配，但也更被压抑在它的根源处——我们自己的内心深处——所以通常它逃离了人们的注意，显示出来的远比实际的量和强度小。对此的解释是，那些相对正常且心理稳定的成年人把他们相当一部分的攻击冲动应用在内心中，以对抗、检查或调节所有的情感流动的强度和方向，无论这些情感是爱与和谐的或报复与破坏性的。

分配和定位危险的情感有许多方法。如我之前举的例子，愤怒的孩子苦于内在的破坏性力量，感觉外在的世界——首先是母亲——也处于同样的愤怒和受难状态。所以他把自己内心的丑恶之事当成母亲、或者母亲的一种品质，而不把这当成是自己品质的一部分。因此小孩子内心好与坏的情感状态很大地影响了他对外界究竟是个美好还是丑陋世界的观念的形成。但是有时候这些情感可以完全歪曲了对现实世界的感知；好的可以完全被当成坏的，而坏的被当成好的，由此就如同精神错乱般地完全无法维持对现实的真实感知。把坏的或痛苦的事情定位在最爱和最需要的人身上，这在最初是有必要的，但是如果走得太远，就会导致对她的不适当的拒绝并离开她。

拒绝

离开所需要之物以在他处更容易地找到它,这事实上是我们心理成长的另一个基本的机制。如果没有对母乳、母亲的乳头,或者奶瓶的某种程度的不满,我们就不能在心理上成长起来。通过离开,或者通过分割我们的目标并把它们分配在其他的地方,对食物和性愉悦的需求就与母亲分开了。在别的地方,我们逐渐找到了为身体所需的食物,找到了吃喝所伴随的感官愉悦;而离开了乳房后,我们也在别处重新发现了性愉悦。⑥ 我们都经历了这些过程。当我们是小女孩时我们在异性身上寻找(最后作为女人我们找到了)类似母亲乳头却又比它好的东西,比它好是因为这不仅能够给予与获得愉悦,我们还能够做一些有创造性的事情,能够带来生命和快乐。作为一个小男孩,我们对母亲不满,导致我们似乎把母亲分为两半,把她的乳头和哺乳的功能从她身上剥离开,并离开她。小男孩在自己身上找到了可以产生流动液体的类似乳头的器官,并用它来创造生命和给予快乐;母亲的其余部分,她的身体、她亲爱的脸、她温暖的臂弯,他则在其他地方寻找。所以是通过离开母亲,我们最终通过不同的途径成长为男人和女人。正常情况下,与母亲分离是一个缓慢而渐进的过程,但是接受她和她的乳房的替代物的过程即便是在婴儿身上也可以以一种剧烈、突然且病理的方式发展。这样可能会过快,并带着深刻的绝望拒绝和离开母亲,伴随着对强烈爱着的和最为渴望的事物的极大的贬低,这种贬低的影响是深远的[7]。在这种方式中,有些人可能会丧失对美好事物的信念,这可以部分地解释他们不信任和回避他们认为美好的东西,并且在失望和报复中伤害和毁坏它的倾向。离开热爱着和渴望着的事物,这是不能与恨和报复的情感分开来的;尽管人们的表现形式可能不一样,也就有了不同类型的人。如和善的老处女或单身汉,在对亲密接触的厌恶中,他们非常巧妙地处理了自己的憎恨情感。然而对守财奴和遁世者而言,我们看到,他们对生命之源的不满几乎毒害了他们的生活本身,因为他们离开了生活;而且他们报复性的失望经常在他们与世界不可避免的少数联系中找到发泄口。

贬低和轻蔑

我们可以在狐狸和酸葡萄的故事中看到对所爱者或者美好事物的贬低,以及对此失去信心的现象。这可以是有帮助并被普遍使用的机制,它使得我们能够忍受失望而没有变得凶蛮。在日常生活中,如果女人从不喜欢昂贵商店里的任何东西,这对她和丈夫来说都是件好事。但是这种反应有巨大的危险:这样的女人常会变得吝啬、吹毛求疵,在其他事情上过于挑剔,特别是在人际关系中。"酸葡萄"以及轻蔑地离开我们真正爱慕和需要之物的方法并不会带来对这个世界的更多善意。假如相反地，一个女人看着商店里她无力购买的贵重物品，她什么也没有买，但是满口赞叹并给予最好的祝福，而且忽略了其不足之处。她在控制并约束自己的愿望中，朝向内在地使用了她的失望和报复情感（她的攻击性）的力量，使得她能够在没有得到想要的东西的情况下离去。她把对没能得到之物的攻击转到了自己和自己的欲望上。通过这种方式，她能够慷慨地给予爱，虽然没有朝向外在地浪费钱。前面的过于挑剔型的女人没有把攻击朝向内在地转到自己身上，以在内心中控制自己的欲望，而是还在用更加原始的方式使自己摆脱欲望——把她的恨导向外界，贬低、诋毁她想要的东西，然后就不再喜欢（爱）和想要它了。这与在内心控制自己的欲望相比，是一个更加简单的方法，也能更直接地让她获得快感，但最终，无论是对她本人或是对其周围的人而言，都是更加没有好处的。恨，而不是爱，转向了外界，并用于避免和掩盖爱，因此，最终是更少的爱和更多的恨在生活中起作用。

在轻蔑中离开或者拒绝渴望的客体，如果不是仅仅用于限制贪婪的话将会是一种危险的心理反应，特别当它是由报复和复仇的情感引发出来时。最让人印象深刻的例子是这样的反应导致自杀——此时，失望和报复的火焰导致了对生命和生命所带来的一切如此地憎恨和蔑视以致最后拒绝并毁灭了生命本身。

因失望导致的报复欲望，进一步引起了轻蔑的反应，这是生活中各种不断上演的不忠、背叛、遗弃、不贞、叛逆的主要根源之一，特别是对于频繁使用这一机制的某些特殊类型的人而言更是这样，从"唐璜"或者妓女（在性活动方面）到那些从未定心于某一工作上或者某一类型的工作上的人（在自我保存方面）。这些人把生命花在不断地追寻、找到和失望上，因为他们的愿望无论是在性质还是在程度上都是过分且无法实现的。最终他们离开、轻视地拒绝，只是为了不断地开始新的寻找。

让我在这里提醒你们，在所有这些反应模式的背后，在我所描述的各种适应或适应不良的行为背后，无意识的目的是处理并除去我们的危险和破坏性的情感，并在最大程度上获得生活中的安全感和愉悦。在我的上一个例子——在爱的领域中的"唐璜"和在工作领域不定心的人——我们能非常清晰地看到他们所使用的主要方法，它们是如此的原始和夸张。我们可以看到，这些人源于过分贪婪的不知足的渴望是如何使他们总是不满于任何他们所获得的东西，由此引起他们对依赖、报复和攻击的害怕，并威胁到他们自己的安全和心灵的平静。所有他们自己内心中邪恶的冲动——仇恨、贪婪和报复性的失望——他们都在心理上把它们驱逐到他们曾经有非常高的期望的人或工作上，然后认为离开或逃离那个人或那份工作是理所当然的了。

现在逃离肯定是一种非常安全的办法了；而且我们必须看到，"拒绝"拯救了这一切。从根本上，生活被"拒绝"拯救了，因为这些人感到在各个方面受到这些冲动的威胁；同时，他们试图保障他们的愉悦。我们每个人在婴儿期时，仁慈、愉悦和满足是同一件事，是在同一种感觉上——吮吸母乳——被体验到的，这种美好的感觉在身体和在心灵上是一致的，犹如置身天堂。在心灵深处直到我们最后一刻的呼吸，它们还是统合在一起；尽管我们后来在意识中把它们复杂化并作了区分。在逃离我们认为或多或少变坏了的美好事物中，我们在心里保存了美好事物的景象；通过在别处发现它，我们似乎又使美好事物复苏了。

我们试图通过宣称美好的事物在别的地方是未受损害的、来做奇妙的修复。"唐璜"和不能定心于某种工作的人也保留了对美好事物、对他们能够识别的美好事物的渴望。在他们不断寻求的老路上，他们每次新的开始，都是试图在爱或性的满足中获得比以前获得的或者将来能够找到的更大的安全感或者愉悦感。在他们的逃离中我们可以看到爱和恨的冲动的相互作用。拒绝甚至可以是一种爱的方式，虽然事实上是被歪曲了，但是旨在保存无意识里觉得"于我而言太好"了的某种东西。遗弃于是"挽救"了美好的东西，然后可以重新发现它，也就从可以毁灭它的自身的无价值感中把它拯救出来。有时候，在一些自杀中爱占了主导地位，在这些人的混乱的心里，他们舍弃自己的生命，把这作为礼物来保证其他人的幸福。在这种情况下，与我之前在讨论投射时描述的一样，他们把好的和坏的一刀切了，并把所有的坏的和罪恶的东西放在自己身上，想把这连同自己一起葬送，而把自己对所有美好事物的愿望、希望、抱负放在自己身外，放在他们所爱的人身上。在他们混乱的感受中，他觉得他在放弃生命本身时放弃了所有的美好事物。

把美好的东西从仇恨和危险中分离出来，并在别处重新找到它，可以导致不断的新的开始。尽管在某一类型的人身上，这一机制被使用得有点过分了，其实一般人也都在某种程度上使用了这一方法。一个终身与父母居住在一起，而从不离家在外面找工作或找妻子的男人，可能比一个放荡者还来得不正常。温和形式的寻求崭新的开始是人类生活的一个非常重要的现象。这一现象背后有一种强烈的动机，它是如此重要以致有些观察者认为这本身就是一种本能，并称之为群体本能。人对社交的需求当然不只是一种简单的表现方式，而且我们发现人的心理中的每一个单纯的元素和每一机制都与它有关。寻求崭新开始的冲动是如此强烈地被发展，具体地讲，它也许表达了收集、累积大量的爱、支持和安全的需要，这些将作为永恒的储备，以供不时之需。我之前谈过仇恨可以用来回避或者掩盖对爱的渴望。现在我要谈的是，特别喜欢社交，特别合群的人用爱来回避仇恨和仇恨所带来的危险。这些人有一大堆朋友，如果有人不能满足他们，他们也不会感到匮乏。而且，拥有朋友和被喜欢向他们自己证明了，他们自己是好的，或者说他们内心的危险是不存在的，或者被安全地排除掉了。因此通过在自己周围收集美好的事物，使自己能够在任何时刻汲取它们的养分，他们（在无意识幻想中）为自己重新创造了母亲乳房的替代品，这可永远供他们支配，而且从来不会使他感到挫折，不会不去满足他们。一个永远丰饶、取之不竭的乳房，这一最为核心的幻想自然是对内心可能升腾起的匮乏或者破坏欲的最好的防御。除了交一大堆朋友外，还有很多其他的方式来达到这个目的；这就是那种说"整个世界是他的美餐"的人所意味的东西。这种幻想的本质在于，我们能得到我们想要的东西，由此就防御了如果我们得不到时，内心产生的空虚感和破坏欲的危险，也就感到安全了。但是这种需求有它贪婪的一面，而且常意味着很少的自足感，缺乏自信，自身没有能力在生活中保障或创造足够的美好事物。那些从他人那里获得最多的人事实上是很少给别人很多东西的。

与那种同时或者接连不断有很多风流韵事的行为类似，名声、社会成功、交际广泛等，也是更宽泛意义上的性依恋的模式。把大量的鸡蛋放在不同的篮子里，挫折和失败的危险就减少了；把好东西分成很多份，自己的贪婪，或者浪费、毁坏所珍视的美好事物或者所爱的人的危险也减少了。把损失分成了那么多份，损失就变得很小，以致可以被忽略；而与此同时获得了一种相对安全的发泄方式，因为此时把攻击性释放了，获得了满足，而又不会产生什么严重后果。

妒忌

保障自己免于内在或者外在的丧失，或者保障自己免于危险的需求，使得有些人去累积、储藏所有他们能够抓住的好东西，然后又以一个不断循环的模式——欲望、挫折和仇恨——导致妒忌，除非它能够通过带来更多的爱而螺旋上升。只要要求很多的需求是强烈的，比较的成分就会进入。把我们自己与他人进行比较并不是最初的简单情形。它是我之前描述的初始情形的发展了的复杂模式，那时婴儿感觉到自身舒适、愉悦的良好状态和痛苦、危险状态的区别。所有的比较都源于那种比较。那直接的迫切的渴望就是恢复舒适的良好状态。因为对婴儿而言，舒适主要是通过嘴巴和乳汁而来，所以摄入和获得对我们来说有重要的意义，它们是防御和排除随之产生的攻击情感的痛苦和危险的手段。吸取某种好的东西，以增加内在舒适的感觉与我们称之为内射的心理过程连结在一起。内射与投射是相关联的，投射是把任何我们在自己内心感觉到的坏和危险的东西驱逐到外在世界的心理过程。无论获得冲动的强度在每个个体身上是否有素质差异，毫无疑问，"吸取"的愿望的增强作为防御内在瓦解的手段，是贪婪的一个显著标志。贪婪、获取与安全感的联系在任何情况下都是显而易见的。

贪婪

每个人在无意识里都有某种程度的贪婪。它代表了生存愿望的一个侧面，在生命伊始就与把攻击性和破坏性转向他人的冲动混合在一起，并在无意识中持续一生。在本质上，它是无止境的，也不会缓和下来；作为生存本能的一种形式，它只有在死的时候才会消停。

对好东西的渴望或者贪婪可以与任何能想象得到的美好事物联系起来——物质占有、现实的或者精神上的礼物、优点、特权等；但是，除了这些所带来的现实的满足以外，在我们的心灵深处，它们最终都意味着一样东西。它们向我们证明，如果我们得到了它们，我们自己就是美好的，充满仁慈的；因此作为回报，我们就值得被爱、尊重和获得荣誉。因此作为保障，它们抵御了我们内心对空虚感或者罪恶冲动的恐惧，这些罪恶的冲动使得我们感觉很糟糕，并且对自己和他人怀有不良之意。它们也保护我们免于担心他人对我们施行报复、惩罚或者报应——无论是在物质上还是在精神上，或者是在感情上以及在爱的关系中。任何一种美好东西的丧失都会使得我们如此痛苦，一个非常重要的原因在于它反过来所代表的意思——我们是配不上美好的东西的，这被显露出来了，因此我们最深的恐惧变成了现实。如果一个人的安全感绝大部分是建立在他的贪婪之上，建立在他觉得他已经得到或者能够得到所有他需要的好东西之上的话，当他看到别人比他拥有更多的东西时，他所构建起来的自我保护的安全感大厦会轰然倒塌；他觉得自己变得一贫如洗，就好像自身拥有太少，太少"好"的东西。不仅是他无意识保护性的防御化为乌有，他在幻想中还觉得，比他拥有更多的人一定是掠夺了那些使得他感觉安全的东西，现在这些东西没了。这就是为什么妒忌对那些体验它的人是如此可怕的痛楚和苦涩的原因。他们觉得自己被迫屈服于掠夺和迫害。

妄想的仇恨

我们很容易看到，这种无意识的信念或者怀疑，即比自己拥有更多的人是通过掠夺自己的东西来达到的。虽然非常的不合逻辑，却令人惊讶地具有安慰作用。因为它把贫穷和无价值感，特别是缺乏爱和善意的责任归到其他人身上，并赦免了自己对他人的内疚、贪婪或者自私；因为是他人使得自己在这世上一文不值。怨恨和痛楚的感觉——"没有人帮助我"的想法——是无意识里自身懒惰和对他人吝啬的投射。如果太固着于这种投射，而且没有用善意去检查，没有去反省，这种投射就成了大部分的妄想性精神错乱的核心，认为其他人是在掠夺他，在毒害他，或者在密谋对付他。

还有一种妄想的嫉妒。妒忌和嫉妒其实是紧密相联的。嫉妒者总是觉得爱人被夺走了。然而，只有当一个人对自己的能力、爱的能力，对美好事物的信念产生了深刻、根本性的怀疑，并感到绝望，感到这一切完全受控于内在的罪恶且没有任何办法去抵制，这种被掠夺感才会变成妄想性的。幸运的是，我们大部分人都很少体验到这种情感，除非当我们遭受真正严重的丧失，比如说我们所爱的人去世。无意识里自己毫无用处的感觉（没有为所爱的人做更多的事）是哀伤体验的一部分。

我们倾向于认为妒忌是自然或者难以避免的情感；强烈的妒忌不是所有人的特征，而是一些人的特征，不论他们的处境怎么样。我们都知道，那种真正的善妒者，脸上永远挂着不满足的不安和受难的表情，他们锐利的双眼似乎在不停地比较，并只是想着他们还没有得到的东西。但事实上这些人常常在物质上比他们周围的人大大地来得丰裕。如果妒忌达到这份上，那他们也走偏了；他们没有办法去享受财富给他们带来的满足和安全感（源于他们自己的贪婪），危险是如此巨大以致他们不得不抗议并宣称他们一无所有：也就是说，他们不要为自己的贪婪，为攫取和累积财富，为掠夺他人使自己致富而感到内疚。另一种常见的类型的善妒者则是从不努力去获得任何东西，也不努力在任何方面取得成功。这里我们清楚地看到，妒忌和缺乏成功向他自己证明了，他其实没有拿别人的东西。尽管这样的心态可以很好地给人提供用来抵御恐惧的安全感和保障，但这是病态的，不能使他们成为令人喜欢的人，他们也不会喜欢自己。花这么多的时间来感受自己被剥夺，感觉自己在生活中处处受挫，妒忌的人就很少或者没有留下什么时间来直接地享受。他们在感受被剥夺和受伤害中获得了一些间接的享受。他们在贬损或者怀疑比他们拥有更多的人时有一种攻击性的施虐的快感，尽管这可能只是间接地表达出来；在他们不为自己获取任何好东西、约束自己的愿望并限制自己的妒忌中，含有一种非常隐蔽的、歪曲了的爱。

对异性的妒忌

人类生活中有一种人们很少意识到，却又是妒忌的最重要的表现形式之一，那就是无意识都存在一定程度的对异性的妒忌。除了对于那些能够意识到她们想拥有一些男性所具有的优势的女子或者同性恋的男子，这种妒忌几乎就不能够被意识到。但是我们每个人都存有一定程度的妒忌，并且它在无意识中可以有很大的威力而又不被觉察。只要两性的态度没有被完全整合到人格结构中，男性或者女性态度只是不断交替或者处于冲突状态，其他人至少还是能看出点端倪；他们可能会认为，史密斯小姐或太太是一个男性化的女人，或者说罗宾逊先生相当"虚弱"或者有一些女性素质，如好出风头。这种类型的妒忌是一个很大的题目，我在这里只能谈其中的一点点内容。很显然缺乏感和想获得更多的愿望是其中的重要元素。在心灵深处，以及在很小的孩子心中，这种愿望的确是与他们没有拥有的东西，与身体器官和这些器官相应的功能联系在一起的，这些是他们永远不能得到的。女孩妒忌男孩子和男人拥有阴茎以及他们用阴茎所能做的事：撒尿、放在女人体内并给她们孩子等。

女人妒忌男人在生活中的各种各样的能力，比如说，他们的体能和智力。那些强烈地妒忌男性的女人会不断地寻找各种机会来证明自己能够做男人能做的事，并享受这一点，这意味着她们并不缺乏任何男人所具有的器官或者功能，她们能够用脑力和技巧来完成特别的任务。我认为让女人特别妒忌男人的是建立在自信基础上的首创精神和进取心。总体而言，男人比女人更自信。男人有一个在外部的性器官，他能够看见并知道它的功能。女人能获得的对她们的这种能力的直接证明要少一点。女人对这个要等待好多年，要等到男人到来，等到她们生下孩子，她们才能获得对自己的性能力的绝对的证明。即便到了那时，她们对自己的评价还是如此强烈地与孩子的完好成长连结在一起，因而这种感觉时时处于危险之中。

男孩妒忌女孩，更妒忌女人（他们的母亲）的乳房和乳汁，而最为妒忌的是女人身体神奇的能力——能通过事物和男人给予的东西孕育和创造新生命，但是这些妒忌常常没有被认识到。男孩和女孩易于认为，他们的身体只能产生粪便和尿液，而他们也只能制造这样的东西。无论男女，人们在大部分的日常活动中通常能够无意识地表现出两性合并后的功能。男性画家和作家在创作中公开地表达了他们对女性功能的渴望，他们觉得他们赋予作品以生命，就好像女人在长长的妊娠期后生下孩子。所有的艺术家，无论他们是在哪一个领域，事实上大部分是通过他们人格中的女性面工作的；这是因为艺术作品在本质上是在作者的脑中形成并创造出来，而且基本上不依赖于外界环境。与此相反，那种现实的人在现实的世界中以外界的事物为工作对象，他们更加独立于自己的想象，这则是男性化功能的典型表达形式。

除了自己的性别优势外，还渴望拥有异性的性别优势，这在性格形成中是非常有帮助的要素：其实，除非个体性格的双性或者同性面能够以升华了的、有创造力的方式找到一种表达，否则不能说他是发展完全的。想获得好的东西，比所拥有的更多，当这种渴望牢牢地盘踞在脑中，并完全地定在想拥有异性的品质和优势，且不能接受任何替代物时，这样的妒忌就会变得难以驾驭，成为病态。只有当人们对从专属于自身性别的功能或机会中获得满足及安全感失去信心、感到绝望时，他们才会去强烈、怨恨地妒忌异性。当小女孩无意识里开始非常害怕自己内心的破坏冲动,由此怀疑自己除了污秽、令人厌恶之物(如粪便)外还能造出什么东西,并觉得即使她能够安全地获得一个生孩子的种子——不带内疚,也没有伤害或者掠夺兄弟或者父母——她自己的内在也是如此地充满邪恶,自己的孩子肯定会死去。当她感觉到所有的这一切时,她在恐惧中背离了生活的这一面,并发展了男性角色。因此她自愿地,虽然不是有意识地,牺牲了自己女性的愿望和希望,但并没有丧失混合其中的爱,这爱是与她采用男性角色连结在一起的。她不仅回避了所有的女性行为,因为她认为这些会伤害她所爱的人,而且不结婚,说不定还可以倾力照顾父母和兄弟姐妹,以此来对他们进行补偿。然而,她得从这样的牺牲中获得补偿,她从对男人的妒忌中得到了这一点。她的妒忌的无意识的心理价值在于这对她而言意味着宣言、保障和安全。只要她妒忌男人,她就不会去要孩子,或者也就免于所有可怕的危险。她在证明,她从不曾想得到女人的满足,从不曾想得到母亲的丈夫或孩子,不曾模仿父母与其他的小孩一起"制造婴儿"。她觉得在这当中,她引诱他们,使他们堕落,而且她在试图获得她没有权利获得的东西。通过着重于男人的生活方式,她在宣称她并不贪婪地想男人或者婴孩,也没有因她的贪婪伤害男人或者从其他女人那里掠夺男人对她们的爱。由此她获得了一种安全感来抵御她最深的恐惧,她也从她本性的另一面来寻找满足感,并渴望成为一个男人。

男人对女人的妒忌和女人对男人的妒忌一样普遍，一样的深刻，但这更少被认识到，更少被理解；我想这并不只是因为男人在这一点上的偏见，还因为事物的本质。当小男孩妒忌母亲的乳房和乳汁时，他自己有一个特别的器官——阴茎——来抵消妒忌。他的小姐妹既没有阴茎又没有乳房，因此他拥有阴茎的满足感和优越感就能够用来掩盖和平衡他对一个能创造和喂养婴孩的身体的渴望。男人在一生中都在不断地用这种方式补偿对女人的妒忌。男人对女人的妒忌一直如此隐秘的主要原因在于，它恰恰是与女人身体的内部，与生孩子 – 哺乳的神秘的功能和过程联系在一起的，这简直是不可思议的。就如女人妒忌男人的主动性，相反地男人妒忌女人被动体验的能力，特别妒忌女人坚忍和受苦的能力。受苦缓解了内疚感；把生命带到这个世界的过程中所忍受的痛苦在男人的无意识里是加倍受妒忌的。

男人不能轻易地意识到他们到底是妒忌什么，因为他们并不真的知道。男人总是说，女人是个谜；很多男人对孕妇有几分迷信的敬畏感。他们对女人的体验的设想和想象自然是他们的幻想生活的一部分，但通常他们是把这与他们能够意识到的日常生活分离开的；在日常生活中他们宁愿只去显示他们男性的一面，因为这是他们了解并能加以利用的。抛开偏见，在我们了解男人对女人的强烈的妒忌的根源并加以理解之前，我们似乎要使用一种特殊的手段来探索无意识心灵，这种妒忌是隐藏在想象和幻想的生活中的。

精神分析工作分析了男人的幻想和焦虑处境，阐明了原始人的一些原始的仪式和习俗，清晰地说明了它们的根源在相当程度上基于男人对女人的妒忌。父代母育就是其中的一个例子。男人在妻子生产时躺在床上，并在整个分娩过程中被当作产妇来对待。分析工作阐明了男人经历父代母育状态的愿望和幻想，或者说使得他们在这个时间这样做的症状。这些愿望和症状在很大程度上是由于对妻子的妒忌，妒忌她们能够诞下新生命，并因此被尊崇、被重视。但是进一步我们还可以看到，当妒忌是这么强烈时，男人的内疚感和无价值感相应地也是很强的，它们潜伏在妒忌之下并在一定程度上引起了妒忌。男人内心对他的妻子和孩子（最初是对他的母亲和母亲的其他孩子）有着破坏及贪婪的暴力，他对这种力量有着深刻的恐惧，而恐惧又加强了他对妻子的创造性以及她的更直接表现出来的能力——孕育并诞下新生命——的妒忌。

竞争

竞争冲动源于许多交互作用的因素：自我保存、性和攻击。一定程度的竞争性自然是正常的、有帮助的性格特点。如果它被严重抑制了，我们发现这种人在心灵深处是一个失败主义者的心态。这样的人不能信任自己，他们认为，与他人竞争并取胜，会给这些人带来不可弥补的伤害，他们自己也会因为给别人造成的伤害而受到严厉的惩罚。过于发展的竞争性会给心灵带来巨大的痛苦，人际关系不谐，虽然它可能会是取得相当成就的源泉。总体而言，如果竞争性不是太过分的话，它会是很有建设性的性格因素。然而，人们经常看到，虽然竞争能够带来暂时的满足，成功本身并不能带来心灵的平静或安全感。我们常常看见，伟大的人物只敢让自己被平庸之人环绕；而那些有特殊才能的男人选择乏味、平凡甚至一无是处的女人当老婆又是多么的司空见惯，反之亦然。让我来举一个常见的竞争的例子，我们听说歌剧中的女主角，无论她的嗓音多么优美，也不会在歌剧中与任何一流的歌唱家同台演出。她美丽的嗓音除了给她带来物质和性的满足外，还给她带来了优越感——她的嗓音比别人的都来得美妙——这种优越感是她选择的让她感到安全的方式，帮助她抵御内心中对邪恶的害怕。这种恐惧会导致无助的隔离感和死亡感。由此这些人总是试图把自己与低下的凡人作鲜明的对比，以让自己永远被认为是上等的，是令人钦佩的，也使得自己一直认为是其他人不好，并不是自己。如果程度轻微点的话，这实在是个极其常见的性格特质。很多人只有在与某些方面不如自己的人在一起时才真的感到快乐和满足，这种不如可以是智力上、年纪上或者甚至是在道德上。这些不如他们的人是他们在生活中真正需要并依赖着的人。那些需要低下者来与自己配对的人从表面上看与势利者是相反的，但这两者的内心寻求是一致的，只是方式不一样。他们都需要确凿的保障，保障他们是不贫穷、不低劣、不空虚的，他们不是毫无价值、不值得爱的。

在所有这些使用了投射机制——认为是其他人不好，不是自己不好——的情境中，我们可以清楚地看到，恶人——竞争者或者任何作为我们自己的危险、不想要的特征的接收容器——事实上是我们无意识里邪恶的部分，是我们的另一面。这种心理过程在戏剧或者文学作品中是显而易见的，他们的化身成了作者的写作工具。比如说，埃古代表了奥赛罗自己的贪婪冲动，这在奥赛罗阴影的无意识象征意义中被微妙地显示出来。

我们一旦在他人身上看到邪恶，那么就可能把被压抑的攻击转到这个人身上，并且视为理所当然，由此上演了生活中常见的谴责、批评、痛斥及狭隘。我们不能容忍的在自己身上的那些东西，很可能也不能容忍它们在其他人身上。通过谴责他人，我们直接、间接地获得了满足。直接获得的满足是因为释放了我们的攻击冲动，间接得到的满足则是源于获得了的保障——我们谨守并遵从了正义和完美的标准。义愤可以是最残酷、最具报复性的攻击性愉悦之一。攻击性冲动的这种在文明生活中的非常重要的表达形式可以在无数的日常情境中被看到。在争论中人们的目的是证明自己是对的，但通常主要的、直接的目的是证明对方是错的。宗教迫害是基于这种机制，文坛领袖和雄辩家的怒骂也是如此；政治生活中的敌意，科学界大量的破坏性工作莫不源于此；即便是情侣或夫妇间的互相指责，也是此理。把这种不宽容的心态与我要提的最后一种类型的人相提并论是很有意思的，人们可能会说这些人太能宽容他们同伴的缺点了。然而，这两者只是通过不同的途径来获得同样的目的，他们利用某种形式的依赖来获得心灵的平静。

热衷于权力

包含了显著的攻击因素的一种心态是热衷于权力，或者说权力欲。它具有极大的心理意义，但是因为太复杂，无法在此详细讨论。泛泛地讲，它产生于控制内心危险的企图，比投射或者逃离机制来得直接。最让人害怕的，永远是个体内心的欲望和冲动，以及面对这些冲动时的无助感。感到安全的一个办法是拥有无所不能的力量，以控制所有潜在的痛苦状态并获得所渴望之物，无论是内在的或者外在的。在幻想中，全能感会带来安全。我们对全能的努力有大量的表现方式；我在描述所有其他形式的攻击性，以及防御依赖或者消亡的危险时，提及当中也含有一定程度的全能企图。权力不一定就具有攻击性，但是它有很强的攻击倾向。作为获得安全的一种全能形式是玩火，就像是拿危险做试验品，以检验自己脱逃的能力。其实这种人无意识最害怕的是，所爱或者所恨的人会对他们进行惩罚，由于他们的贪婪，他们在思想或者在行为上伤害了这些人。作为获得安全的方法而过度发展权力欲的人自然很可能成为领导者；但是他们也很可能成为罪犯、歹徒、街头混混等。他们用自己的生活来检验，他们是否能够逃脱事故、坐牢、恐吓等等的惩罚。

自然地，当经济萧条给社会带来了瓦解、破坏等各种危险时，也给专制统治者的产生创造了条件。当这样一个人残酷地爬到比他柔和、胆怯的人头上去时，他会试图去证明他比经济灾难所导致的危险更为强大，而且他将是这一困境的大救星。顺便说一下，在另一个（也许遥远的）国家发动战争，由此转移这种破坏性的力量，是全能的自我防御机制的相当典型的方式。

有些人试图通过爱来达到全能的控制，一些宗教领袖可能会喜欢这种方式。但是热衷于权力与爱的力量在根本上是完全不同的，热衷于权力本质上是自私自利的，它只能假装、冒充爱的力量，两者不能混为一谈。真正的爱意味着奉献的能力，对痛苦的耐受，为了爱的某种程度的依赖；对权力的需要直接源于无力承担对他人的奉献，或者无法忍受对他人的依赖。由于这种根本的无能感，任何通过过分的全能来达到表面上的建设性目的的尝试总是错误的——因为这是基于一种假象——也只是通过欺骗或者暴力来取得成功,如果能把这称为成功的话。

让我在此讨论我的主题的很多重要的侧面是不可能的,如恨与攻击的隐秘、间接的表达方式;背叛、伪善、颠倒是非、撒谎及欺骗等等;我也难以在此讨论与此相关的形式,如吝啬、拒绝爱、不能给予爱等。[⑧]

嫉妒

嫉妒并不是如我们所设想的那样一个简单的反应,尽管我们视它是如此"自然";的确,即便周围环境不认可这一情感时,人们还是常常感到嫉妒。嫉妒的典型情境当然是在为爱争风吃醋时。你可能会想,我会把这归到俄狄浦斯情结,并说所有的嫉妒源于童年期最早的性竞争经历。你是对的,但这并不是充分的解释。我们多多少少在后来的生活中重复着童年期的经历;但是即便是在这一方面每个个体也是不同的,而且我们不会只是为了重复的乐趣而去重复这些早年经历。当我们重复时,理由总是一致的,我们用了在最初的情境中的行为方式,因为尽管我们长大,年纪增长,我们还是没有找到一个更好的办法。

就嫉妒是对丧失或者丧失的危险而产生的仇恨和攻击性反应而言,它是简单而原始的,且是难以避免的。但是嫉妒里面有一个特别点,那就是总是伴随着它的羞辱感,这是由于它伤害了个体的自信心和安全感。嫉妒的人并不是总能意识到丧失了自信心。如果你细想一下，你会看到他越是狂怒，越是有攻击性，他就越少感觉到受羞辱；反之亦然，他越是不那么有攻击性，不那么生气，他就越觉得悲惨，无精打采。嫉妒的人不可避免地感到受羞辱和自卑，而且不那么能够被意识到的是，他们感到没有价值、沮丧和内疚。对此的解释是，如果他没有被爱，或者认为他没有被爱，这在无意识中对他意味着，他是不值得爱的，他是令人讨厌的、充满了仇恨。他在意识或无意识中觉得，因为他对她而言不够好，所以他被他所爱的人抛弃或者忽视了。不值得爱的想法激起了他的抑郁和面临危险的无助感（并伴随着对孤独的恐惧），这是令人难以忍受的。这解释了为什么嫉妒是那么痛楚，那么折磨人，而我们试图通过谴责和憎恨其他人来缓解这种痛苦。在最早的童年期我们意识到了依赖以及依赖的种种危险，这时候，就像在童年期一样，车轮重新滚动，投射也立即启动。邪恶和破坏性都在竞争者身上，他是被谴责的，嫉妒者可以毫无顾忌地仇恨他而不必感到内疚。

可能我们在童年期需要把我们愤怒的危险、痛苦状态投射到我们之外的其他人身上，并把这与其他人认同起来；而我们自己只认同那些良好的状态，这种需要是意识到其他人的存在的一个主要刺激因素。换句话说，我们对外部世界和他人的兴趣在根本上是建立在我们对他们的需求之上；我们为了两个目的需要他们。一个是显而易见的，我们需要从他们那里获得满足，满足我们自我保存和愉悦的需要。我们需要他们的另一个目的是为了恨他们，这样我们就能够把自己的种种坏、恶劣及其危险，驱除出去并释放在他们身上。我想，这就是为什么人们常常会无缘无故地感到嫉妒的原因。当有人——无意识地——感到自己缺乏爱和良善，并害怕他的爱侣会发现他这方面的匮乏，或者这种匮乏会伤害她时，他开始感到嫉妒，而且不去看伴侣对他的爱也缺乏了，这样他就可以不在自己身上也看到这一点，就能够在竞争者身上，而不是在自己身上看到种种的邪恶和不道德。

顺便说一下，"你不爱我"这一谴责是每对爱侣争吵的主题，也是年轻夫妇们稳定下来前常常要过的一道槛。那种悲惨、内疚感，在懊悔和泪水中进行的补偿，以及最后达成的谅解，所有这一切清楚地显示了，无意识中自己是不值得爱的、是无价值的，这种感觉启动了这一常见的吵架进程的进行。

在男人的内心世界中，所爱的女人或者她的爱是他自身价值的保证，是他的安全的保障。当一个男人失去他所爱的女人，或者认为他将失去她时，他觉得自己不仅是失去了她的爱或者丧失了对她的占有，他自身的价值、他的安全感也丧失了。他的价值对他而言可以是力气、智力、性能力、美德、财富等等大量的仁慈、美好的象征，这在每个个体上可各不相同，但是对每个人来说，它们都代表了每个人所选择的保障，他可以靠自己的这些品质来平衡和防御来自内心的邪恶力量的危险。性伴侣——对大部分的人而言是在稳定的婚姻关系中，伴侣双方都负有一定的责任和义务——被认为是一种极大的认可和保证，保证我们内心的善良战胜了邪恶，这是我们一直追寻的，也是我们心灵平静的基石。

单从这一观点来考察文明生活中的婚姻是很有趣的。当男人和女人决定走进婚姻殿堂时，寻求自身价值的保障这一因素在决定中起了多大的作用？与此相比，爱和性的欲望在促成婚姻中起的作用又是多少？如果没有对此进行精神分析的话，就难以评估这些不同的因素在更为正常的人群中的作用。真正的爱是两个因素融合在一起并且难解难分的状态。在这当中，祥和之心与幸福源于个体本身充满了爱，能够满足自身和他人的需求。成熟的爱对伴侣双方都是一种双重的保障。伴侣的爱，加上自身的爱，使得爱与幸福加倍了，那么对痛苦、破坏性和内在匮乏的防御、保障也加倍了；而且，通过满足双方的性需求，每个人把对方的性欲望从一种潜在的痛苦和破坏性之源转化成为完全的愉悦和幸福之源。通过这种在爱中的伴侣关系，和谐统一的生的本能——自我保存和性——得到了满足；防御破坏性冲动、丧失的危险，孤独和无助的安全保障也增加了。由此人们达成了一个带着最少量的贫乏和攻击性，洋溢着欢乐的良性循环，依赖的优势也在此发挥到极致。而且人们还在安全中获得相当的愉悦,也能把攻击性用在建设性的形式上。当太多的投射带来强烈的焦虑和对人的不信任时,婚姻中的依赖将带来恐惧和憎恨的升级,这会破坏所有良性循环的可能性,并再次建立起一个贪婪、挫折和破坏瓦解的恶性循环。

良知、道德和爱

我看起来似乎很少谈到内疚,而且几乎不曾谈论过一些重要的主题,如对自己的仇恨和在痛苦的内心挣扎中把攻击转向自身。我们攻击性的很大一部分被吸收并被集中在超我上——我们内心的原则和标准——它们无意识地规定着我们大量的行为,并严厉地调整着个体,使其行为适切。⑨就我们所认识到的自己身上的这一部分以及它对我们的影响,我们称其为良知;这个功能的一大部分在我们的意识之外,原因在于我们内心有潜抑和忽视自己的这一面的强大的动机,因为这一面会给我们带来痛苦,而且还试图干涉我们达成很多满足。

我前面尽力阐述了这一点,即我们总是在生活中试图平衡内心的赋予生机和破坏性的力量。我们无意识地认识到履行这一任务的必要性,良知不过是如同山峰,突入到我们的意识当中。在一些表面的矛盾下面,在深处,良知的指令总是由这一原则引导,即稽查会导致破坏的冲动。人们对性冲动有这么强烈的内疚感的原因之一在于,这种冲动常常是如此具有强制性，也就是说，具有攻击性、自私自利，因此可能给自己和他人带来伤害。⑩就我们所知，良知只有一个原则，做这个——有建设性的事情；不要做那个——破坏性的事情。换句话说，这是一种自我控制，旨在自我主义和利他主义之间，在爱和恨之间取得良好的平衡。

从远古时期开始，人类就发展出宗教来帮助控制仇恨和自我主义，尽管许多种形式的宗教都不足以履行这一职责。对"仁慈和善良"的欲望最初（在我们婴儿期时）即在我们心中不仅激起爱和柔情，还激起了贪婪和攻击。在宗教的早期形式中，这种联系还是很明显的；"仁慈和善良"，不仅被崇拜和爱慕，也被杀死和吃掉。在基督教诞生之前，就有好几次宗教运动旨在分离这两种倾向；而成为世界上最大宗教之一的基督教的教义是把攻击性和贪婪从爱中分离出来的一种最大的努力。它称颂无私的爱，把这作为一种理想。与此同时，否认了很多问题的客观存在性；而这些问题是精神生活，是人的心理的一部分。人的攻击性和性冲动如果没有被完全否定掉的话，也会被蔑视、被谴责或者被忽视。这种否认并不是基督教独有的。否认、忽视自己所害怕的、在自己身上的东西，这在过去是、现在也是人的一个普遍的倾向。（我在很多段落都明确或含蓄地提到了否认的倾向。）然而基督教吸收并以一些方式特别地表现了这一倾向，由此鼓励和维持了它。

但是只要一息尚存，攻击和性作为人的本性的完整部分，总是结合在一起运作的，无论是为了好事还是坏事。如果是为了好事而试图否认它们的权利，把它们从生活中排除掉，它们就会流入仇恨和破坏性的轨道。在宗教迫害、掠夺、禁欲主义和伪装虔诚等种种形式中——这些是这种分离的难以避免的伴随物——它们强制性地使自己又回到宗教生活中，并侵扰着人的生活。而且，由于基督教主要把善良、美好局限在无私的心态和人的内心世界，并否认外部物质世界的重要性，被它所否认的攻击性也必须以人身攻击的形式找到一个出口，例如，劝诱别人改变宗教信仰，攻击别的信仰，最终迫害持别的信仰的人。攻击性没有机会以一种不具人格的方式来表达，而不具人格的方式是能够为攻击性提供一种很具建设性的发泄口的：比如说在智力领域，或者针对自然的活动，如探险或者实验。俗世的这些领域被视为毫无价值，并因此被从善良、美好之物中分离出来。出于对物质世界（有生命或无生命的）及其真相的冷漠，以及对人的攻击性的建设性活动的否认，基督教终结了在它之前开始的对不具人格的知识的探索，如物理学、天文学、数学、生理学等[①]。

然而，不仅是把攻击性从与爱的融合、相伴中分离、排除出去导致了它以极端破坏性的形式被释放出去，对攻击性的否认也是导致这种情境的另一因素。如果没有攻击、进取作为生存的手段，没有性来保存种族，人类将停止生存。否认对人的生命是如此本质的东西的必然性，并且贬低它的价值，这绝对是非常错误的。同样错误的是去否认、贬低人从自己的身体功能，从性和攻击本能中获得愉悦的必然性和价值。如果没有获得足够的本能满足，生活本身对人而言将变得毫无价值，人也被压缩得干瘪、冷漠、没有意义。因此，否认这些本能在人身上的存在和价值是一种幻想，并到了在此错误的基础上建立生活的地步。所有为了支持和证实它的努力也只能增加其中的自我欺骗。把它放到现实中，并在否认的基础上处理现实的企图，很快就会导致要用虚伪、掩饰、谎言来支持它以抵挡真实的力量。例如，装模做样、虚伪、伪善———一些间接、隐蔽的攻击性的表达方式——削弱、败坏了把攻击性从爱，即利他的爱中分离出来的建设性的一面。这导致了焦虑和怀疑，或者是愤世嫉俗；因此对美好、善良的信念也处在完全丧失的危险之中。

　　历史上的严重的幻灭，伴随着极度的不安全感、抑郁和无助表明了这一点，如果没有逐步地对其进行的反应的话，它可能已经达到了顶峰[12]。保持美好、善良的愿望和对真诚的需求奋力地找了一条前行的路。人们把关注点放到了外部世界，并在物质世界中寻求真理和良善，这一倾向在文艺复兴时复活了，基督教以前的一些关注点重新被拾起。这把攻击性从枷锁中释放出来,重新用在科学和对自然的探索中;这带来了对物质现实的欣赏——这是与对情感生活的关注相反的,也增加了对物质世界的理解和利用,因此带来了更加繁荣昌盛的景象[13]。但是,我们似乎接近了这样一个点,外部的美好之物——繁荣和物质收获——取代内心的美好善良,成了我们的理想。如我们所知,繁荣虽然事实上并非一种手段,但是是朝向内心美好的一种伟大的帮助;可是,它仍不是内心美好的替代品。如果物质收获成了理想,人的内心生活被极度否认,内心生活本身也许会陷入被轻视、不被尊重的状态。这一反应的结果是,我们内心的情感需求在生活中所起的作用被极大地分离和否认了。爱是我们抵御内心的仇恨和破坏性所带来的焦虑的最强大的保障,我们对爱的需求,以及与爱不可分离的内疚的问题,和源于内疚的良知与道德的标准,都处于被忽视的灾难中,最终可能会饿死,尽管物质繁荣会蒸蒸日上。

物质繁荣作为一种理想是具体而确定的;我们能通过获得它来检验、证明我们的成功。内心仁慈、善良,这一理想是一个更为艰难的目标。爱于我们而言是内在的,且难以证明的。我们的贪婪和仇恨是强烈的,而我们对爱的信任是不易达成的。人们很容易去嘲笑和窒息爱,而且无法像计算银行账户上的钱那样来计算爱;人们很容易被爱欺骗,并错把不是真正的爱当成爱。自我欺骗和未获保证的自我满足易于让人去寻求内心的美好。如果我们内心的良知和道德不是爱的表征，它们就会成为我们的仇恨的工具；如果它们被迷惑、欺骗了，它们也会反过来欺骗我们。它们可能会误导我们去追求一些丑恶的东西，还自鸣得意，事实上这在一定程度上是对自我欺骗的一种防御。但是因为我们更容易、更乐意在别人身上看到罪恶、丑恶的东西，这并没有办法消除自我欺骗。所有的这些危险和困难使得我们离开了内心美好，这个问题是由对幻觉破灭的害怕以及对威胁着我们的无助感和不安全感的害怕所带来的。

人们紧抓外在的满足不放，那么更加困难的，为获得内心的丰富和心灵的平静的努力就被放在一边，自寻生路了。众所周知，良知的问题已经过时，今日再谈论道德已经显得土气。我们内在的心理斗争——爱与恨——很少获得我们意识的关注，我们对此的付出也很少。诚然，我们内心中鼓励、滋养爱，给予与获得爱，压制、转移和文饰仇恨的需求在我们的生活中寻找着外在的出口；但是作为我们每个人内心的问题，它很少得到直接的支持。在它寻求真正的美好、善良，以及害怕被欺骗中，这个"现实主义"的年代可能已经走过头了。如同外部现实一样，我们内心也有一个内部现实。我们所压制、没有诚实地承认的，不仅是我们的冷酷和贪婪，还有我们对爱与被爱的需求。内心诚实和美好善良是内在的情感现实的一部分，也是稳定的情感安全的来源。心理科学应该在不久以后可以为其提供支持[14]。心理问题的现状是，我们的爱的冲动不受重视，被压制了，没有得到足够的支持或出口，因此无法在爱与恨的互动中显示它的作用。结果仇恨与破坏性的恶性循环势头不断推进；甚至是如此推崇爱的力量的西方文明也可能被毁灭。我并不是说，生命本身会因人的破坏性力量而有灭绝的危险，而是说，在目前，爱及其统一的力量不受重视，而且被攻击性强烈地压制着，文明的生活形式似乎有瓦解的危险。

必须记住，在这里试图人为地去分离和讨论情感生活中的仇恨完全是为了阐述的方便，而不是生活整体的表现。我希望我对它的描述不会令人沮丧。我们生活的这一方面必须更好地被理解，这是非常重要的。当我们能够接受我们身上的这些过程的必然性及其潜在的价值时，我们对它们的原始的恐惧及相应的反应才会减少，且能够加以控制。我们想出一些办法，让这些自然的力量有合适的出口，并尽量以建设性的方式来使用它们。这只有通过理解才能发生，而理解大部分来自宽容，或者说，来自于想象、怜悯和爱。

注释

① 也就是本书的两个部分——译者注。

② 在这种情境下，攻击性是生命的迹象；我并不是说它必定是一种实用的或成功的反应，但是作为一种心理表

现，它比漠然的绝望朝需要的满足走近了一步。

③虽然，有趣的是，目前在性爱关系中有一种很强的限制和反抗爱的力量的心理倾向，这是因为这种关系对每个个体多少都含有难以抗拒和依赖的成分。现在较年轻的一代中有种类型的人不愿承认任何爱的感觉，即便是对性伴侣或孩子，他们试图把任何人际纽带只建立在理性的基础上，这些人对依赖的恐惧已经到了如此的程度。

④这种心理经历似乎是人类进化导致的人的特性之一。与动物相比，人类孩童经历了漫长的生理上的无助和依赖期，心理经历是这同一现象的一部分。

⑤事实上这个现象不只存在于不愉快的心理情感中，还在于躯体的痛苦。当一个人在没有给足麻醉剂的情况下被拔牙，并在半程中睁开眼时他看到的是天花板上有着猛烈的疼痛！在下一秒疼痛才在他的嘴里。

⑥性愉悦——感官欲望的满足——是我们每个人一生无意识追求的对象，并在意识中以某种形式被获得。成人的性愉悦是更加成熟的成人的形式，其实与婴儿早期获得满足的方式是类似的。比如说，婴儿通过吮吸乳头获得了感官的愉悦，同时获得身体所需的食物。因此精神分析把所有这种感官愉悦的发展形式描述为"性"的愉悦，因为它们事实上都有助于最终性能力的形成，而它们中的某些形式（如吮吸或者由吮吸所修饰成的亲吻）甚至可继续在成人的性活动中直接起作用。

⑦对拒绝或放弃了的所爱的人或事物的某种程度的贬低可能是难以避免的,即便这与醒悟到他们被过于理想化没有什么差别。但是在无意识中,这种贬低经常是强烈的,并一直持续,即便它在意识中被小心地掩饰。

⑧这种省略决不是说它们不是那么重要;事实上人们对它们的理解和认识还不足,而且被大大地低估了。但是在这简短的研究中我得把自己局限在考虑攻击的公开表达形式上,这是我的主题的更简单、更为常见的表现方式。

⑨如果读者要了解这个精神分析概念的发展历程的话,我推荐你们去看以下的文章:弗洛伊德的《自我和本我》(1923b);《团体心理学和对自我的分析》(1921c);论文集《论自恋:一个导言》(1914c),《哀悼和忧郁》(1917e)等。以上这些文章在《精神分析梗概》第一册中。

⑩对于某些人来说,用于生产目的,即孕育新生命的性行为远比源于其他动机的性行为来得正当。这是因为,意识中的这一目的缓解了良知的不安,减轻了内疚感,这种内疚是与性当中的攻击性联系在一起的。性让人感到如此内疚的最深层的原因在于,我们最早期的性欲望事实上是与仇恨和破坏冲动紧密连结在一起的。

⑪我在这里顺便提提,在不同时期人的社会意识、观念、兴趣、人的思维内容和看待世界的方式的改变,是以一种最有启发意义的方式——语言的见证——被阐明的,这是在个体身上发现的心理事实的一个外部的确认。请看

《英语这门语言》，特别是第九章，作者 L. Pearsall Smith。

⑫ 基督教在很多方面是具有高度的建设性的，因此它能够不时地吸收这些反应，并从中幸存下来。

⑬ 科学由于它本身的目的，不可避免地会在最容易的领域——在外部的物质世界——启动生活，物质世界与人的心灵即心理现实的内部世界相比，要更容易被探知，被度量。然而，精神分析技术的发现使得这进一步的任务变得更有可能性。

⑭ 事实上很多牧师和神秘主义者，虽然不是教会本身，都曾努力去达成这一目标。对人的情感生活的科学的理解为个体解决这些问题、获得心灵平静打开了一条通道，而这是通过精神分析获得的。

下

爱·内疚·修复

Melanie Klein

本书的两个部分讨论了人类情感非常不同的侧面。第一部分，《上：恨·贪婪·攻击》涉及了人类本性的一个基本方面：强有力的恨的冲动。第二部分，我试图描绘同样强大的爱的力量和修复的驱力，这与第一部分是相互补充的。这样的表述方式所意味的爱与恨的明显划分在人类精神中是不存在的。用这样的方式分开我们的主题可能无法清楚地传达爱与恨持续的相互作用；但是把这么大的一个题目分开讨论是必要的，因为只有当考虑了破坏性的冲动在恨与爱的互动中的作用后，才有可能显示爱的情感和修复的倾向在与攻击性冲动的联结中发展的方式。

在第一部分中，Joan Riviere 清楚表明了这些情感首先出现在婴儿与母亲乳房的早期关系中，它们在根本上是在与所渴望的人的联结中被体验的。我们有必要回到婴儿早期的精神生活以研究所有不同力量的相互作用，这些力量建立了所有人类情感中最复杂者：我们称之为爱。

婴儿的情感状态

婴儿的第一个爱与恨的客体——母亲——既是他最渴望的，又是他最恨的，这是婴儿早期强烈欲望的特征。最初，当母亲满足他对食物的需要，缓解他的饥饿感，在哺乳时通过嘴巴的刺激给他带来感官的愉悦时，他爱母亲。这种满足是婴儿性欲的本质部分，也是它的最初的表达。但是当婴儿感到饥饿，欲望没有被满足，或者当他觉得身体疼痛或者不舒服时，整个情形就会突然改变。恨和攻击的情感被激起，他被毁灭的冲动所支配，毁灭的对象正是他所有渴望的客体，是在他的心灵中与他所有好与坏的经历相联结的那个人。如 Joan Riviere 所详细表明的，恨与攻击的情感引起婴儿最痛苦的状态，如窒息、喘不过气及其他类似的感觉，这些感觉被认为对他的身体是有破坏性的；由此攻击、不愉快及恐惧感又增强了。

帮助婴儿从痛苦的饥饿感、仇恨、紧张和恐惧中解脱出来的直接和原始方式是母亲对其欲望的满足。获得满足所带来的安全感极大地增强了满足感本身；因此，无论何时一个人获得爱时，安全感都是满足感的一个重要成分。这适用于婴儿，也适用于成人；适用于爱的简单形式，也适用于最精致的爱的表达方式。因为我们的母亲一开始满足了我们所有自我保存的需要和感官需求，给了我们安全感。她在我们的心灵中所起的作用是持久的，尽管在以后的生活中，这种作用的表现方式多种多样，而且可能并不易被觉察。比如说，一个女子可能很明显地使自己与母亲疏远了，但仍然无意识地在与她的丈夫或她所爱的男性的关系中，寻求她与母亲的早期关系的某些特征。父亲在孩子的情感生活中所起的重要作用同样影响了其将来所有爱的关系。但是婴儿与父亲的早期关系，就他是否被感觉为一个令人满足、友好、保护性的角色而言，在一定程度上是在模拟与母亲的关系。

对婴儿而言，母亲一开始仅仅是满足他所有欲望的一个客体——一个好的乳房。[①] 很快婴儿开始发展出对母亲作为一个人的爱的感觉来回应母亲给予他的满足和照料。但是这最初的爱在根源处就已经受到破坏性冲动的扰乱。爱与恨在婴儿的心灵中争斗；而且这种争斗在某种程度上持续了整个一生，很有可能在成人关系中成为危险的来源。

婴儿的冲动和情感与一种我认为的最原始的精神活动相伴随，即幻想建构，或用通俗点的话讲，想象性的思维。比如说，婴儿在渴望着母亲的乳房而乳房又不在的时候，他可能会想象她在那里；也就是说，他可能会想象从她那里得来的满足。这种原始的幻想是后来发展成的更加精致的想象力的最早形式。

伴随着婴儿情感的早期幻想是丰富多样的。刚才提及的，婴儿想象着他所缺乏的满足，这种愉悦的幻想伴随着实际的满足；而破坏性的幻想则伴随着挫折和它所引起的恨的情感。当婴儿在乳房处受挫，他就在幻想中攻击这个乳房；但如果乳房满足了他，他就爱母亲并在跟她的关系中有愉快的幻想。在他的攻击性的幻想中他想咬碎和撕碎母亲和她的乳房，并且用其他方式毁灭她。

这些破坏性的幻想，相当于死亡欲望，有一个最重要的特征，即婴儿觉得他在幻想中所渴望的真的发生了；也就是说，他觉得他真的已经毁坏了他的破坏性冲动所指向的客体，而且还要继续毁坏它；这对他的精神发展有极其重要的后果。婴儿在一个修复性的全能幻想中找到抵御恐惧的力量；这对他的发展同样有极其重要的后果。如果婴儿在他的攻击性的幻想中通过咬碎和撕碎他的母亲而伤害了她，他可能很快会建构幻想把这些碎片放在一起并修复她②。但是这并不能完全打消他曾经毁灭客体的恐惧，正如我们所知，这个客体是他最爱和最需要的人，也是他完全依赖的对象。我认为，这些基本的冲突深刻地影响了成人个体情感生活的过程和力度。

无意识的内疚感

我们都知道，如果我们在自己身上察觉到对所爱的人的恨的冲动，我们会感到担忧或内疚。就像 Coleridge 所写的：

> 对所爱的人愤怒，
> 脑子发疯了。

由于内疚感的痛苦，我们很容易倾向于把这些情感放在不引人注目的位置。然而，它们用很多伪装的形式表达自己，而且是干扰人际关系的一个来源。比如说，有些人容易因没有被人欣赏而感觉非常痛苦，甚至这些人对他们而言关系并不大；原因在于在他们无意识地觉得自己并不值得别人看重，而冷遇证实了他们对这种无价值的怀疑。

另一些人以各种各样的方式对自己不满意（不是基于客观的原因），如不满意他们的外貌、工作或能力。其中一些表现方式已被相当普遍地识别出来，而且一般被称为"自卑情结"。

精神分析的发现表明，这种情感比通常所设想的有更深的根源，并总是与无意识的内疚感相联结。有些人对一般的赞扬和承认有特别强烈需求的原因在于，他们需要证据证明自己是可爱的和值得爱的。这种情感来源于无意识的恐惧，恐惧自己没有能力足够地或真实地爱他人，特别恐惧没有办法控制对别人的攻击性冲动：他们害怕自己对所爱的人有危险。

与父母关系中的爱和冲突

如我所试图表明的，爱与恨的争斗，以及它所产生的所有冲突，开始于婴儿期，并贯穿人的整个生活史。它开始于孩子与双亲的关系。在与母亲的吮吸的关系中，性的感觉已经存在，并且在与吮吸过程相联结的愉快的嘴的感官刺激中表达出来。很快生殖器的感觉走到前面，对母亲乳头的渴求减少。然而，它并没有完全消失，而是在无意识和一定程度上在意识领域里保持活跃状态。对小女孩而言，对乳头的关注此时大部分无意识地转向对父亲生殖器的兴趣，而这成为她力比多欲望和幻想的客体。当发展继续，小女孩对父亲的渴望甚于对母亲，并有意识或无意识地幻想取代母亲的位置，赢得父亲并成为他的妻子。她同样非常嫉妒母亲拥有孩子，并希望父亲能够给予她属于她自己的孩子。这些情感、愿望和幻想伴随着对母亲的竞争、攻击和仇恨，并增加了由于乳房的最早期挫折使她感觉到的对母亲的不满和抱怨。不过，对母亲的性幻想和渴望依然活跃在小女孩的心中。在这些影响下，她想要取代父亲的位置与母亲联结，在一些个案中这些欲望和幻想甚至比对父亲的还要来得强烈。因此除了对双亲的爱以外，还有对两者的竞争感，而这种混合的情感传递到她与兄弟姐妹的关系中。这些与母亲和姐妹联结的欲望和幻想是以后生活中直接的同性恋关系的基础，也是在女性间的友情和爱恋中间接表达的同性恋情感的基础。在正常的发展进程中，这些同性恋欲望退至不显眼处，转向并且升华，异性的吸引占了优势。

在小男孩身上也有相应的发展，他很快体验到对母亲的性的欲望和对竞争者父亲的恨。但是他同样发展了对父亲的性的欲望，而这是男性同性恋的根源。这些情境引起了很多冲突——对小女孩而言，尽管她恨母亲，同时也爱着她；小男孩爱他的父亲，并且希望免除他受到来自自己的攻击冲动的伤害。此外，所有性欲望的主要客体——对女孩而言，父亲；对男孩而言，母亲——也激起了恨和报复，因为这些欲望受到了挫折。

就兄弟姐妹是父母爱的竞争者而言，孩子同样强烈地嫉妒他们。然而，他同样爱他们，由此在这种联结中，攻击冲动和爱的情感间的强烈的冲突又被激起。这导致了内疚感和补偿的愿望：这种混合的情感不仅对与兄弟姐妹的关系有重要影响，对我们的社交态度，以及爱与内疚感、补偿的愿望也有重要影响，因为与一般人的关系都是基于同样的模式。

爱、内疚和修复

我之前说过，爱与感恩的情感直接地、自发地产生于婴儿对母亲的爱和照料的回应。爱的力量——保存生命的力量的表达——同破坏性冲动一样存在于婴儿身上，而且在婴儿对母亲的乳房的依恋上找到最初的基本的表达，以后发展为对母亲整个人的爱。我的精神分析工作使我确信，当婴儿心中爱与恨的冲突产生，失去爱的客体的恐惧活跃起来时，发展中非常重要的一步就迈出去了。这种内疚感和痛楚作为新的因素进入到爱的情感中。它们成为爱固有的一部分，并且深刻地影响着爱的质量和数量。

即便是在很小的小孩身上，我们也能观察到他对所爱者的关注，这并不只是如有些人可能想的对一个友好帮助者的依赖的表现。与孩子和成人的无意识破坏性冲动共存的是一种深刻、强烈的牺牲的欲望，以帮助和修复在幻想中被伤害或毁灭的所爱者。在心灵深处，使人幸福的强烈愿望和对这些人的责任与关心的强烈情感相联结，这表现在对人的真诚同情与如他人所是、如他人所感地理解他人的能力上。

认同并修复

真正地体谅人，意味着我们把自己放在别人的位置上：我们"认同"了他们。这种与其他人认同的能力在一般的人际关系中是一个非常重要的因素，而且是真正、强烈的爱的情感的条件。如果我们有能力认同所爱的人，就能够忽视或在一定程度上牺牲我们自己的感情和欲望，在一定时间里把其他人的兴趣和情感放在第一位。因为在与他人认同的同时，我们分享了我们给予他们的帮助与满足，在一个方面重新获得了在另一个方面所牺牲的[3]。根本上，在为所爱者做出牺牲和认同所爱者时，我们扮演了好的父母的角色，以我们当初感受到的父母对待我们的方式或我们想要的方式来对待现在的所爱者。同时我们扮演了父母的好孩子的角色，这是我们在过去希望做到而现在加以实现的。由此，通过倒转情境，即以好的父母的角色来对待另一个人，我们重新创造并享受了所渴望的父母之爱和仁慈。但是以好的父母的角色来对待他人也可能是处理过去的挫折和苦楚的一个方法。因父母使我们受挫而导致的对他们的不满，由不满而产生的恨与报复的情感,以及由于恨与报复所产生的内疚和绝望感——因为我们伤害了我们同时爱着的父母——所有的这一切都可以通过同时扮演亲爱的父母和亲爱的孩子的角色在回溯中抵消(去除了一些恨的缘由)。与此同时,在我们的无意识幻想中,我们修复了幻想中所做的伤害,为了这些伤害我们仍然无意识地感到非常内疚。在我看来,进行修复是爱与所有人际关系的一个基本因素;因此接下来我将频繁地提到它。

幸福的爱的关系

记着我所讲过的爱的起源,现在让我们来看一些成人间的特殊关系。首先,比如说,男性和女性间令人满意、稳定的爱的关系,这可以存在于幸福的婚姻中。这意味着深深的依恋、彼此奉献的能力,以及分享——痛苦和喜悦、兴趣和性的享受。这种性质的关系为各种各样的爱的表现提供了最为宽泛的范围[④]。如果女性对男性有母亲似的态度,她就(尽可能)满足他最早期渴望从母亲那里得到满足的愿望。在过去,这些愿望从未被完全满足过,也从未被完全放弃过。男性现在似乎有了这个自己的母亲,带着相对少的内疚感(之后我将对此详细阐明)。如果这个女性有丰富发展的情感生活,那么除了拥有母性的情感外,她还保留了一些孩子对父亲的态度,这种旧有关系的部分特征会进入到她与丈夫的关系中;比如说,她会信任和钦佩她的丈夫，他会成为她的保护者、帮助者，就像当初她的父亲。这些情感成为一种关系的基础，在这种关系中，作为成人，这个女性的欲望和需求能够获得完全的满足。此外，妻子的这种态度，给了男性以各种方式保护她、帮助她的机会，使他在无意识中扮演了他母亲的好丈夫这样一个角色。

如果一个女性有能力强烈地爱她的丈夫和孩子，可以推断她童年时很可能与双亲和兄弟姐妹有着良好的关系；也就是说，她有能力令人满意地处理针对他们的恨与报复的早期情感。我之前提到过小女孩从父亲那里获得孩子的无意识愿望，以及与此愿望相关联的对父亲的性欲望的重要性。父亲给她的生殖器欲望带来的挫折激起了她强烈的攻击幻想，这对今后成人生活中性满足的能力有重要的影响。小女孩的性幻想与特别针对父亲阴茎的仇恨联结在一起，因为她认为它给予了母亲满足，却拒绝给予她。在她的嫉妒和仇恨中，她希望它成为危险、邪恶的东西——一个同样不能满足母亲的东西——因此在她的幻想中，阴茎具有了破坏性的品质。由于这些聚焦于父母的性满足的无意识愿望，在她的一些幻想中，性器官和性满足具有了坏和危险的性质。这些攻击性的幻想在孩子的心中同样又伴随着修复的愿望——确切地说，幻想治愈她认为已经被她伤害或弄坏的父亲的阴茎。治疗性质的幻想同样是与性的情感和欲望联系在一起的。所有这些无意识的幻想极大地影响了女性对她丈夫的情感。如果他爱她，并给予她性的满足，她无意识的施虐幻想就不再强烈。但是由于这些幻想并没有完全停止作用（虽然这些幻想在某种程度上没有在正常女性身上出现，因而抑制了与更积极、友好的爱欲冲动相混合的倾向），它们激起了修复性质的幻想；由此修复的驱力再一次开始行动。性的满足不仅给她带来了愉悦，还有抵御恐惧和内疚感的安心和支持，这些恐惧和内疚感是早期施虐愿望的结果。这种安心增强了性的满足，引发了女性感激、柔和的情感，并增加了爱的情感。正是由于在她灵魂深处的某个地方有种感觉，认为她的生殖器是危险的，会伤害她的丈夫的生殖器——这是她对父亲的攻击幻想的衍生物——她获得的满足感部分来自于这个事实，即她能够给予丈夫愉悦和幸福，由此证明她的生殖器是好的。

由于小女孩幻想父亲的生殖器是危险的，这对女性的无意识心灵仍有一定的影响。但是如果她与丈夫有快乐、满足的性关系，他就会感觉他的生殖器是好的，那么她对坏的生殖器的恐惧就会被证明是不真实的。这种性满足有双重的使人安心的效果：她自己的好和丈夫的好，通过这个方式获得的安全感增加了实际的性享受。这种使人安心的循环还可拓展。女性早期对母亲——作为父亲爱的竞争者——的嫉妒和仇恨在她的攻击幻想中起了很大的作用。由性的满足和与丈夫间快乐、充满深情的关系带来的彼此的幸福也会部分被视为她对母亲的施虐愿望没有实现，或修复成功的迹象。

男性在与妻子关系中的情感态度和性活动自然也受到自身过去的影响。母亲在他的童年给他的生殖器欲望带来的挫折激起了他的幻想，在这幻想中，他的阴茎成为可以给她带来痛苦和伤害的工具。与此同时，对父亲——作为母亲的爱的竞争者——的嫉妒和仇恨启动了针对父亲的施虐性质的幻想。在与爱的伴侣的性关系中，男性早期的攻击幻想，这使他担心自己的阴茎是破坏性的幻想，在某种程度上又开始起作用，通过一个与前面描述过的女性情况相类似的变换过程，施虐冲动，如果它在量上是可以控制的话，激起了修复的幻想。阴茎被感觉为一个好的、治疗性的器官，可以带给女性愉悦、治愈她受伤的生殖器，在她身上创造孩子。与女性之间快乐的、性满足的关系使他得以证明阴茎是好的，并无意识地给他这种感觉，即他修复她的愿望的实现。这不仅增加了他的性乐趣、对女性的爱和柔情，还带来了感激和安全的感觉。另外，这些情感还会在其他方面增加他的创造力，并影响他的工作能力和其他活动能力。如果他的妻子能够分享他的兴趣（如同分享爱与性的满足），她就给他证明了他的工作是有价值的。通过这些不同的方式，他早期的愿望——有能力做父亲为母亲所做的性或其他方面的事，从她那里获得父亲所获得的——在他与妻子的关系中得以实现了。他与她之间快乐的关系还有减少他对父亲的攻击性的作用,这种攻击性很大程度上是由他没有能力让母亲成为自己的妻子所激起的。这就向他保证了他长期以来对父亲的施虐倾向并没有实现。由于对父亲的不满和仇恨影响了他对代表父亲的男性的情感,而对母亲的不满影响了他与代表母亲的女性的关系,令人满意的爱的关系改变了他的整个生活面貌以及他对人和事的态度。拥有妻子的爱给他一种完全成熟也由此与父亲同等的感觉。同父亲之间敌对、攻击性的竞争减少,并让位于一种建设性、带来成就、友好的与父亲或受钦佩的父亲形象的竞赛,而这很可能又增强和增加了他的创造力。

类似地,当女性在与男性间幸福的爱的关系中,无意识地觉得自己能够取代她母亲的位置,获得母亲曾经享受过、而她在孩提时被拒绝的满足,那么她就能够觉得与母亲同等,像母亲以前那样享受了同样的欢乐、权利和特权,而又没有伤害或掠夺母亲。这对女性的态度和人格发展的影响与当男性在幸福的婚姻生活中发现自己与父亲同等时发生的变化是类似的。

因此对伴侣双方,彼此性满足和爱的关系将被感觉为重新创造他们早年家庭生活的快乐。很多愿望和幻想在童年期从未被满足[⑤],不仅是因为它们是不现实的,还因为在无意识心灵中同时有相互矛盾的愿望。这似乎是一个自相矛盾的事实,即在某种程度上,很多孩子气的愿望只有当个体长大以后才有可能实现。在成人间幸福的关系中，让母亲或父亲完全归属于自己的早期愿望仍无意识地活跃着。当然，现实并不允许某人成为自己母亲的丈夫或自己父亲的妻子；即便这是有可能的，对他人的内疚感也会干扰到满足感。但是只有当一个人能够在无意识幻想中发展与父母的这种关系，并在一定程度上克服与这些幻想相连的内疚感，逐渐把自己与父母分离同时又保持依恋，他才能把这些愿望转移到其他人身上。这些人代表了过去所渴望的客体，虽然他们之间并不一致。也就是说，只有当个体在真正意义上成长起来，他那孩子气的愿望才能在成人状态被实现。此外，因这些孩子气的愿望而起的内疚感也减轻了，因为童年期所幻想的情境现在以被允许的方式变成了现实，而且幻想中与这种情境相联的各种伤害被证明并没有真正发生。

如我所述，快乐的成人关系可意味着早年家庭情境的重新创造，而这会更加完美，因此放心与安全之链还会通过男性和女性与他们孩子的关系而延伸。这就把我们带到了养育子女这个话题。

养育子女：关于做母亲

我们首先看一下母亲和婴儿之间真正的爱的关系。如果这个女性有充分的母性人格的话，这种关系就会发展起来。有很多线把母亲和她孩子之间的关系与当她自己在婴儿期时与自己母亲的关系联结起来。在意识和无意识中，小孩子有种非常强烈的想要婴儿的愿望。在小女孩的无意识幻想中，母亲的身体里充满了孩子。她想象这些是由父亲的阴茎置入的，对她而言，阴茎是所有创造力、力量和美好的象征。对父亲和其性器官的炽热爱慕伴随着小女孩强烈的欲望：拥有自己的孩子，在自己身体里有孩子，而这些是她最为珍贵的拥有物。

每天我们都能观察到小女孩玩洋娃娃，似乎它们真的是她的孩子。小女孩还经常十分热情地投入到洋娃娃身上，因为它已经成为她活生生的、真实的孩子——一个伴侣，一个朋友，构成了她生活的一部分。她不仅到处带着它，还时时把它放在心上，以它开始新的一天的生活。如果她被叫去做其他的事时，还很不情愿地把它放下。这些在童年期体验的愿望持续到女性成年，并极大地促成了对她孕育的胎儿及出生后的婴儿的爱。终于拥有了孩子的满足缓解了童年期挫折所带来的痛苦，那时她想从父亲那儿获得孩子却得不到。这个首要的愿望在延迟很长时间后得以实现，使得她不再那么有攻击性，增加了她爱她的孩子的能力。此外，婴儿的无助和对照料的强烈需求要求母亲给予更多的爱，因此所有母性的慈爱和建设性的天性现在就有了发挥的机会。我们知道，有些母亲借这种关系来满足自己的欲望，如她们的占有欲和有人依赖自己的满足感。这种母亲希望孩子粘着她们，不愿他们长大，不愿他们获得自己的个性。对其他的母亲而言，婴儿的无助唤起了她们强烈的修复愿望，这些愿望有不同的来源，现在则与这个她最为想要的孩子、这个实现了她早年渴望的孩子联结在一起。孩子给母亲带来了能够爱他的享受，对孩子的感激增强了这些情感，可以导致母亲这样的一种心态，即母亲第一关注的是怎样对孩子好，她自己的满足与孩子的健康幸福结合在一起了。

当然，母亲与孩子关系的性质随着孩子的长大而改变。她对她大一点儿的孩子的态度将多多少少受过去她对其兄弟姐妹或堂兄弟姐妹等的态度的影响。这些过去关系中的某些困难可以很容易地干扰她对自己孩子的情感，特别是当孩子的一些反应和特点搅动了她的这些困难时。她对兄弟姐妹的嫉妒和竞争引起了死亡愿望和攻击幻想，在这些幻想中她伤害或毁灭了他们。如果源于这些幻想的内疚感和冲突不是太强烈的话，修复的可能性就有了更大的空间，她的母性情感也能更充分地发挥作用。

这种母性心态的一个要素似乎是母亲能够把自己放在孩子的位置上，并从他的视角来看待周围情境。就如我们所看到的，她能够带着爱和共情的态度这样做，这是与内疚感和修复的驱力结合在一起的。但是，如果内疚感过于强烈，这种认同可能会导致完全的自我牺牲的态度，而这对孩子是非常不利的。众所周知，如果一个母亲给予孩子大量的爱，又不期待任何回报，这孩子常常可能变成一个自私的人。孩子缺乏爱和体谅他人的能力在一定程度上是在掩盖过于强烈的内疚感。母亲的过分溺爱往往增加了内疚感，而且没有给予孩子足够的空间去发展这些能力：进行修复，有时候为别人做出牺牲，真正地体谅他人[6]。

然而，如果母亲没有太紧密地与孩子的情感卷在一起，没有过分地认同他，她就能够用自己的智慧以最有益的方式引导孩子。她能够从促进孩子的发展中获得充分的满足，这种满足感又一次为幻想所加强：幻想她正在做她的母亲以前为她所做的事或她希望母亲为她做的事。通过达到这个目的，她报答了母亲并补偿了幻想中对她母亲的孩子所做的伤害，而这再次减轻了她的内疚感。

母亲爱和理解孩子的能力会在孩子进入青春期时受到特别的考验。在这个阶段，孩子通常有拒绝父母、在一定程度上把自己从旧有的对父母的依恋中挣脱出来的倾向。孩子自己去寻找新的爱的客体的努力易于使父母处于一个非常痛苦的境地。如果母亲有强烈的母性情感，她能保持坚定的爱，有耐心，理解孩子，在必要时给孩子提供帮助和建议，并允许孩子解决他们自己的问题——她做这一切而不为自己要求很多。然而，只有当她对孩子和她自己内心中明智的母亲都有强烈的认同并以这种方式发展了爱的能力，这才是有可能的。

当孩子长大成人，有了自己的生活，把自己从旧有的纽带中释放出来后，母亲与他们的关系的性质将再次发生变化，她的爱也以不同的方式来表达。母亲现在会发现她并不能较多地参与到孩子的生活中。但她在始终保持对孩子的爱以供不时之需中找到了某种满足感。因此她无意识地觉得她给了他们安全，永远是早期的那个母亲——那个通过自己的乳房给了他们完全满足感的母亲，那个满足了他们的需求和欲望的母亲。在这样的情境中，母亲完全认同了她自己的母亲，她的保护性的影响在她心中从未停止作用。同时，她认同了自己的孩子：在她的幻想中，她仿佛又是个孩子，与她的孩子分享一个好母亲，一个提供帮助的母亲。孩子的无意识心灵常与母亲的无意识心灵相应，无论他们是否较多地使用供给他们的爱的储备，他们知道有爱存在，而这给了他们强大的内心支持和安慰。

养育子女：关于做父亲

尽管父亲对孩子大体上没有像母亲那样意义重大，但父亲仍是孩子生活中很重要的一部分，特别是在他与妻子相处得很和谐的情况下。回到这种关系深一层的根源，我已经提过男性通过给予妻子孩子，弥补了对母亲的施虐性愿望，并修复了她，从中获得了满足感。这增加了创造孩子和实现妻子愿望的实际的满足感。愉悦的另一个来源是通过分享妻子母性的喜悦，他的女性愿望获得了满足。当他还是小男孩时，有像母亲那样生孩子的强烈欲望，这些欲望增加了他掠夺她的孩子的倾向。作为一个男性，他能够给予妻子孩子，看她快乐地与他们在一起，于是可以不带内疚感地在她生孩子和哺乳的过程中，以及在她与大一点儿的孩子的关系中认同她。

然而，有很多的满足，是从他有能力做一个好父亲中得来的。他所有的被与早期家庭生活相连的内疚感所激发的保护性情感找到了充分的表达。这里又有与好的父亲的认同——无论是与实际或理想的父亲。他与孩子关系中的另一个要素是他对他们的强烈认同感，因为他分享了他们的快乐；此外，在帮助他们、促进他们成长的过程中，他以一种更加令人满意的方式更新了自己的童年。

很多我所说的孩子不同发展阶段中母亲与孩子间的关系同样适用于父亲与孩子间的关系。他扮演了与母亲不同的角色，但他们的态度互为补充；而且如果（像整个讨论所假设的）他们的婚姻生活建立在爱与理解的基础上，他也享受了妻子与孩子的关系，与此同时，妻子在他对孩子的理解与帮助中获得了愉悦。

家庭关系中的困难

如我们所知，像在我的描述中所暗指的完全和谐的家庭生活并非日常现象。它取决于适当的环境和心理因素的共存，首要地取决于伴侣双方发展良好的爱的能力。在夫妻关系和亲子关系中会出现各种各样的困难，我将举些例子。

孩子的个性可能与父母所期待的不同。伴侣中的任何一方都可能无意识地希望孩子像自己过去的兄弟姐妹；很显然这种愿望在父母双方是不可能同时被满足的——即便是只满足其中一方也可能是无法实现的。如果伴侣中的一方或双方在与自己兄弟姐妹的关系中存在着激烈的竞争和嫉妒，这会在将来涉及孩子的成就与发展的问题上被重复。另一种困境是父母对孩子要求过高或有不切实际的野心，想要通过孩子的成就来减少他们自己的恐惧，而使自己感到放心。还有，有些母亲不能爱、不能享受拥有孩子，因为她们为（幻想）取代了自己母亲的位置而感到过于内疚。这种类型的女性可能无法自己照顾孩子而不得不让保姆或其他人来照顾他们——这些人在她的无意识心灵中代表了她自己的母亲，这样她就把以前渴望从母亲那儿拿走的孩子还给她。害怕爱孩子，既可以发生在女性身上，也可以发生在男性身上，这自然扰乱了与孩子的关系，也可能会影响夫妻关系。

我说过内疚感和修复的驱力紧密地与爱的情感结合在一起。然而，如果没有处理好爱与恨的早期冲突，或者内疚感太强烈，这会导致离开所爱的人，甚至拒绝他们。这在最根本上是因为害怕所爱的人——最开始是母亲——会因为幻想中加诸她的伤害而死去，这使得依赖这个人的状态让他无法忍受。我们可以观察到，小孩从他早期成功实现的事情，以及任何强化他们独立性的事件中获得了满足感。这有很多显而易见的原因,但是在我的经验中,一个深层、重要的原因是小孩被驱策着去减弱对这个至关重要的人物——他母亲——的依恋。她一开始维系着他的生命,供给他所需,保护他,给予他安全;因此她被感觉为所有美好与生命的来源;在无意识幻想中,她成为他自己不可分割的一部分;因此她的死亡将意味着他自己的死亡。当这些感觉和幻想非常强烈时,对所爱者的依恋可能就变为一种极度的负担。

很多人通过减弱爱的能力,否认或压制爱,以及回避强烈的情感来为这些困难寻找出路。而有些人通过把爱置换在人以外的其他东西上来逃避爱的危险。把爱置换在物品和兴趣上(我把这与探险家以及同艰苦的自然环境做斗争的人联系在一起讨论)是正常发展的一部分。但对有些人来说,把爱置换在除了人以外的客体上成了他们处理或逃避冲突的主要模式。我们都知道,有些动物爱好者、热情的收藏家、科学家、艺术家等对他们的喜爱之物或所从事的工作怀有强烈的爱,并常能为此自我牺牲,但是对自己的同伴却少有兴趣,也很少有什么爱。

在有些人身上,发展则完全不同,他们变得完全依赖他们强烈依恋的人。对所爱者会死亡的无意识恐惧导致了过度依赖。因这种害怕而增加的贪婪是这种心态的一个要素,表现在尽可能多地利用他们所依赖的人。过度依赖这种心态中的另一个要素是逃避责任:其他人要为他的行为,有时候甚至要为他的观点和想法负责。（这是为什么人们毫无批判地接受领导的观点，盲从他们的命令的原因之一。）这些如此过度依赖的人非常需要爱的支持，以抵御内疚感和各种各样的恐惧。所爱者必须通过温情的表达一再地向他们证明，他们并不坏，并不是很有攻击性，他们的破坏性冲动并没有发生。

这种过于强烈的联结在母亲与孩子的关系中特别有扰乱作用。像我之前指出的，母亲对孩子的态度与她作为一个孩子对自己母亲的情感有很多相同之处。我们已经知道，早期关系的特征是爱与恨之间的冲突。孩童时对母亲的无意识的死亡愿望在她自己成为母亲后传给了她的孩子。童年期对兄弟姐妹的冲突情感增加了这些感觉。作为过去未解决的冲突的结果，如果母亲在与自己孩子的关系中过于觉得内疚，她可能会强烈地需要孩子的爱，所以用各种各样的办法把孩子与自己紧紧地捆在一起，并使孩子依赖自己；或者，她可能会过度地把自己奉献给孩子，把他作为自己整个生活的中心。

让我们现在来看一下一个非常不同的心理态度——不忠，不过仅考虑它的一个基本方面。不忠的各种形式和表现方式（这是非常不同的发展方式的结果，在一些人身上主要表现为爱，一些人主要是恨，而这之间则是爱与恨的不同程度的组合）有一个共同的现象：重复地离开一个（所爱的）人，这在一定程度上源于对依赖的恐惧。我已经发现，典型角色——唐璜在心灵深处受到这种折磨：害怕所爱的人死亡，如果他没有发展出不忠这样特别的防御方式的话，这种恐惧将会突破出来并表现为抑郁和极大的精神折磨。通过不忠，他一再向自己证明，他的那个被强烈地爱着的客体（最初是他的母亲，他害怕她的死亡，因为他觉得他对她的爱是贪婪的、破坏性的）根本不是不可或缺的，因为他总是能找到另一个女人，他对她充满热情，但这情感又是肤浅的。与那些受对所爱的人的死亡极度恐惧驱使而拒绝她或者窒息、否认爱的人相反，由于种种原因，他是没有能力这样做的。但是通过他对女人的态度，一种无意识的妥协找到了它的表达方式。通过遗弃和拒绝一些女人，在无意识中，他离开他的母亲，保护她免于受到他危险欲望的伤害，并把自己从对她的痛苦依赖中解脱出来；通过转向其他女人，给予她们愉悦和爱，在他的无意识心灵中，他留住了所爱的母亲或者重新创造了她。

在现实中，他被驱使着从一个女人的身边跑到另一个女人身边，因为这些人很快又代表了他的母亲。因此他最初的爱的客体被一系列不同的人所取代。在无意识幻想中，他通过性满足（他在现实中给了其他的女性）重新创造或治愈了母亲，因为只有在一个方面，他的性被认为是危险的；在另一方面，他的性被认为是有治疗作用并能让她快乐的。这种双重态度是无意识妥协的一部分，导致了他的不忠，也是他特别的发展方式的一个前提。

这把我带到了爱的关系中另一种类型的困难。一个男人可能会限制他对一个女人的挚爱、温柔、保护性的情感，这个女人可能是他的妻子，但是他没有办法在这种关系中获得性的愉悦，不得不压抑自己性的欲望，或者把欲望转向其他的女人。对他的性的破坏性的担心，对作为竞争者的父亲的恐惧以及在这种联结中的内疚感是把温柔情感和性分离开的深层原因。所爱的和高度重视的女人，代表了他的母亲，必须被保护以免于性的伤害，在幻想中，他的性被认为是危险的。

爱的伴侣的选择

精神分析显示，深层的无意识动机促成了对爱的伴侣的选择，使得两个特别的人相互性吸引，彼此满意。男人对女人的感情总是受早期对母亲的依恋的影响。但是这多少是无意识的，表现形式可能也非常隐蔽。男人可能会选择一个在某些特征上与自己母亲完全相反的女人作为爱的伴侣——也许这个所爱的女人的容貌与母亲非常不同，但是她声音或人格中的某些特征与他对母亲的早期印象相符，对他有一种特殊的吸引力。或者，正因为他想要摆脱对母亲过于强烈的依恋，他可能会选择一个与她完全相反的爱的伴侣。

当成长继续，一个姐妹或堂表姐妹常常取代了男孩子性幻想和爱的情感中母亲的位置。显然，虽然伴侣选择受对姐妹的情感影响的男人可能也会在伴侣身上寻求某些母性特征；然而基于这种情感的态度与那些主要在女人身上寻求母性特征的男人的态度不同。在孩子的早期成长环境中各种人的影响创造了种种可能性：看护者、姑姑或姨妈、奶奶或外婆等可能在这方面起了重要作用。当然，在考虑早期关系对后来选择的影响时，我们不要忘记，他想在后来爱的关系中重新发现的，是当他是孩子时对所爱的人的印象，以及那时与她联结在一起的幻想。此外，无意识心理联系事物的基础不同于意识心理所意识到的。为此，各种完全被遗忘的——被压抑的印象使得一个人比另一个与该个体有关的人在性和其他方面更有吸引力。

类似的因素在女人的选择中也起了作用。她对父亲的印象，对他的情感——钦佩、爱等等——在她选择伴侣时可能起了主要作用。但是她对父亲的早期的爱可能已经被动摇。因为过于强烈的冲突，或者因为他让她太失望，也许她很快地就离开他，而一个兄弟，堂表兄弟或者玩伴可能成了对她非常重要的人物；她可能对他既有性的欲望和幻想，又有母性的情感。那么她寻找的爱人或丈夫可能是一个符合她心中兄弟形象的人，而不是一个更有父亲品质的人。在一个成功的爱的关系中，爱的伴侣的无意识心灵相互吻合。如果一个主要具有母性情感的女人寻找一个具有兄弟性质的伴侣，而如果这个男人在寻找一个主要具有母性的女人，他的幻想和欲望就与这个女人的相符合了。

如果一个女人强烈地与父亲联结在一起，她会无意识地寻找一个需要有女人来让他扮演好父亲这一角色的男人。

尽管成人生活中爱的关系基于早年与父母、兄弟姐妹联结的情感情境，新的关系并不一定仅是早期家庭情境的重复。无意识的记忆、情感和幻想以非常隐蔽的形式进入到新的爱的关系或友谊中。但是除了早期影响外，在复杂的进程中还有很多其他因素帮助建成了爱的关系或友谊。正常的成人关系总是包含了源于新情境的新鲜要素——源于环境，源于与我们接触的人的人格，源于他们对我们作为成人的情感需求和实际兴趣的反应。

获得独立

到目前为止，我主要讲了人际间的亲密关系。现在我们来看看爱的更加普遍的表达形式以及它渗透到各种兴趣和活动中去的方式。小孩子对母亲乳房和母乳的早期依恋是生活中所有爱的关系的基础。但是如果我们只把母乳看作健康和合适的食物，我们可能就会认为它可以轻易地被其他同样合适的食物取代。然而，母乳在最初的时候通过乳房给了婴儿，平息了他饥饿的痛楚，婴儿也越来越爱乳房，因此母乳对婴儿的情感价值是永远不会被高估的。乳房和它的产物最初满足了他自我保存的本能和性的欲望，在他的心灵中代表了愉悦和安全。因此他多大程度在心理上能够用其他食物代替这最初的食物就成了至关重要的事情。虽然有着多多少少的困难，母亲可能还是成功地使孩子适应了其他食物；但是，尽管如此，婴儿可能还是没有放弃对最初食物的强烈渴望，没有从对被剥夺了母乳而产生的痛楚和怨恨中恢复过来，没有在真正意义上适应这一挫折——如果真是这样的话，他可能就没有办法真正适应今后生活中的任何挫折。

通过探索无意识心灵，如果我们理解了对母亲和母乳的最初依恋的强度和深度，以及它持续在成人无意识心灵中的强度，我们可能就会奇怪，小孩子越来越多地跟母亲分离，并逐渐获得独立这一过程是怎么发生的。小婴儿对周遭的事物已有强烈的兴趣和不断增强的好奇心，并乐于认识新的人和事物，在各种取得成功的事物中获得愉悦，所有这些似乎使孩子能够找到爱和兴趣的新客体。但是这些事实并不能完全地解释小孩把自己从母亲那里分离的能力，因为在他的无意识心灵中，他是如此紧密地与她联结在一起的。然而，正是这种过于强烈的依恋驱动着他离开她，因为（受挫的贪婪和怨恨是不可避免的）它产生了对失去这个至关重要的人的恐惧，以及随之而来的对依赖她的恐惧。因此在无意识心灵中有放弃她的倾向，这与想永远拥有她的迫切渴望相抵。这些冲突的情感，与孩子情感和智力的发展——使得他能够去找到其他兴趣和愉悦的客体，达到转移爱，用其他人和物来代替最初爱的客体的能力。孩子体验了这么多与母亲联结在一起的爱，因此他在今后的联结中有很多可以利用的爱。把爱置换的过程对人格的发展和人类的关系是至关重要的。事实上，还可以说，这在总体上对文化和文明的发展也至关重要。

与把爱（和恨）从母亲身上置换到其他人和物上，也由此把这些情感分配到更加广阔的世界中这一过程相伴随的，是另一种处理早期冲动的模式。小孩子所体验的与母亲的乳房联结在一起的肉欲的感觉，发展成了对母亲作为一个整体的爱；爱的感觉在一开始就同性的欲望混合在一起。精神分析已经注意到，对父母、兄弟姐妹的性情感不仅存在，在一定程度上还可以在儿童身上观察到。然而，只有通过探索无意识心灵，这些性情感的强度和重要性才能被理解。

如我们已经知道的，性欲望和攻击性冲动及幻想，与内疚感和害怕所爱者死亡紧密地结合在一起，所有这些驱动着孩子减少对父母的依恋。小孩有压抑这些性欲望的倾向，即它们变成无意识的了，被埋葬在心灵的深处。性冲动也与最早所爱的人分离，由此小孩获得了深情地爱他人的能力。

刚才描述的心理过程——把爱从一个所爱的人身上转移到其他人身上，在一定程度上把性与温柔的情感分离，以及压抑性冲动和欲望——是小孩建立更宽广的人际关系的一个完整部分。然而，与最初所爱的人相联结的性情感不能被压抑得太强烈[7]，小孩把性情感从父母置换到其他人身上不能太完全，这对成功地向周围发展是非常必要的。如果对离小孩最亲近者还保有足够的爱，如果与他们联结的性欲望没有被太深地压抑，那么在将来的生活中，爱与性的欲望就会被重新激活，并再次结合在一起，这在幸福的爱的关系中起着至关重要的作用。对真正成功发展的人格而言，对父母的爱还保留着，但是对其他人和物的爱增加了。然而，这并不仅是爱的延伸，而是如我所强调的，是情感的扩散。这减轻了小孩与对最初所爱的人的依恋和依赖联结在一起的冲突和内疚。

通过转向其他的人，他并未摆脱冲突，只是程度不那么强烈地从最初最重要的人身上转移到新的爱（或恨）的客体上，这些客体在一定程度上代表了旧的客体。正因为他对这些新的人的感情没有那么强烈，他修复的驱力现在能更加充分地起作用，如果内疚感过强的话，修复就会受阻。

众所周知拥有兄弟姐妹可以帮助小孩成长。与他们共同成长使得他能更好地与父母分离，与兄弟姐妹建立一种新型关系。然而，我们知道，他不只爱他们，还对他们怀有强烈的竞争、仇恨和嫉妒的感情。为此，与堂表兄弟姐妹、玩伴、其他孩子等稍远些的人的关系使得与新兄弟姐妹的关系还能继续发散，这种发散作为将来社会关系的基础也是非常重要的。

学校生活中的关系

学校生活给孩子提供了继续发展与人交往的经验，并为新的尝试提供了场所。在大多数的孩子中，小孩可能会找到一个、两个或几个对他的天性回应得比自己的兄弟姐妹更好的同学。这些新的友谊带来了新的满足，仿佛给了他一个机会来修正与改善早期与兄弟姐妹可能不那么令人满意的关系。他可能实际上侵犯了比他小或比他弱小的兄弟；或者可能主要是因怨恨和嫉妒产生的无意识的内疚感扰乱了这种关系——这种扰乱可持续到成年生活。这种令人不满意的状态可能对他今后对一般人的情感态度有深刻的影响。如我们所知，有些孩子没有能力在学校里交朋友，这是因为他们把早期冲突带到新的环境中去了。那些能够成功地与早期情感纠缠分离，并与同学交朋友的人，与兄弟姐妹的实际关系也有了改善。新的友情向孩子证明，他是能够爱的，也是可爱的；爱与美好是存在的。这无意识地被认为是他能修复想象中或现实中对别人做的伤害的证明。由此新的友谊帮助解决了早期的情感困难，而这个人可能并不知道那些早期问题的确切性质，也不知道它们是如何被解决的。通过所有这些方法，修复的意向找到了它的空间，内疚感减轻，对自己和他人的信任增加了。

同狭小的家庭圈子相比，学校生活为爱与恨的更大分离提供了更多的可能性。在学校里，可以恨或仅仅是不喜欢某些孩子，同时可以爱其他的孩子。用这种方式，被压抑的爱与恨的情感——因恨一个同时爱着的人所以被压抑了——以一种多少被社会接受的方式获得了更充分的表达。孩子们以各种方式结盟，并为在多大程度上他们可以表达对其他人的恨或不喜欢制定了一定的规则。与他们联系在一起的游戏和团队精神是联盟中和攻击表达中的调节因子。

为了老师的爱和赞扬而产生的嫉妒和竞争虽然可能很强烈，但是在一个与家庭生活不同的环境中被体验。总体上，老师与孩子的情感离得更远，与父母相比他们带着更少的情感进入到与孩子交往的情境中，而且他们把感情分给了很多孩子。

青春期的关系

当孩子进入青春期，他的英雄崇拜倾向常在与某些老师的关系中得以表达，与此同时，他可能不喜欢、讨厌或蔑视其他人。这是把恨从爱中分离的另外一个例子，这个过程带来了解脱，既因为"好"的人被免于危险，也因为在恨被认为该恨的人中有种满足感。被爱又被恨的父亲和母亲，像我所说的，一开始就是钦佩、怨恨和贬低的对象。但是这些混合的情感对小孩的心灵而言太过矛盾，太难以承受，因此很可能受阻或被埋葬，或者在与其他人，如保姆、姑姑婶婶、叔叔舅舅及各种亲戚的关系中得以部分地表达。随后，在青春期，大部分孩子表现了要离开父母的强烈倾向；这主要是因为与父母联结在一起的性欲望和冲突又变得强烈了。早期对父亲或母亲的竞争和仇恨的情感，根据具体情况，复苏并重新被强烈地体验，虽然他们的性动机还是无意识的。年轻人变得非常有攻击性，并对屈从于其攻击性的父母、比较弱的老师、不喜欢的同学等感到不愉快。但是当恨达到这样的强度，在内部和外部保存美好和爱的必要性变得更加迫切。具有攻击性的年轻人被驱策着去寻找能被他尊敬和理想化的人。受钦佩的老师可当此用；内在的安全感源于对他人的爱、钦佩和信任，其中的一个理由在于，在无意识心灵中，这些情感肯定了好的父母和与他们的爱的关系的存在，由此证明了在生活的这一时期变得如此强烈的恨、焦虑和内疚是不真实的。当然，有些孩子即使在经历这些困难的时候还能保有对父母的爱和钦佩，但这并不很普遍。我想我所说的解释了人们这样一种特别的状态：在心灵中一般有一个理想化的形象，如名人、作家、运动员、冒险家、从文学作品中想象出来的人物等，人们把爱和钦佩的情感投向了这些人，如果不这样的话，所有的人和事都会蒙上仇恨和无情的阴暗色彩，在感觉中这种状态对自己和他人都是危险的。

与对某些人的理想化相伴随的是对另一些人的恨，这些人被涂上了最阴暗的色彩。这特别适用于想象中的人物，即电影和小说中的某些坏人，或现实生活中跟自己比较疏远的人。恨这些不在现实生活中的人或离得比较疏远的人，无论是对于被恨者还是对于自己，都比恨跟自己近的人来得安全。这在一定程度上也适用于对一些老师和校长的恨，因为学校里一般的纪律和整个情境在学生和老师间设置的界限比父子间的要来得大。

把爱与恨从跟自己不太近的人中分割开还能在现实和心灵中使所爱的人更安全。他们在身体上远离这个人，因此是无法接近的；而且爱与恨的态度的分割滋长了能够使爱不受损的感觉。来自于有能力去爱的安全感在无意识中紧密地与使所爱者安全和未受损伤联系在一起。无意识的信念似乎是这样运作的：我能够使所爱者完好无损，那么我就未曾真的伤害过任何我爱的人，而且我可以永远把他们留在心中。分析到最后，被爱着的父母的形象是作为最珍贵的拥有物被保存在无意识心灵中的，因为它保卫着它的拥有者免于全然的孤独、凄凉、悲哀、无助之痛苦。

友谊的发展

孩子早期的友谊在青春期时发生了质的变化。生命这一阶段的一个明显特征是冲动和感情都很强烈，这带给了年轻人间非常热切的友情，这种友情大部分是在同性成员间的。无意识的同性恋倾向和情感是这些关系的基础，并常常导致了实际的同性恋行为。这种关系在一定程度上是逃避朝向异性的驱动力，由于内部和外部的种种原因，这种驱动力在这一阶段常常十分难以控制。以男孩为例讲讲内部原因：他的欲望和幻想仍然很强地与母亲和姐妹联结在一起，离开她们，去寻找新的爱的客体的挣扎此时达到顶峰。对这一阶段的男孩和女孩而言，对异性的冲动常被感觉为充满了许多危险，因此朝向同性的驱动力往往就被加强了。如我之前指出的，在这种友情中的爱、钦佩和恭维也是对怨恨的一种防卫。因为这些各种各样的原因，年轻人更加粘着于这种关系。在发展的这一阶段，增加了的同性恋倾向，无论是有意识还是无意识的，在对同性老师的恭维中也起了很大的作用。如我们所知，青春期的友谊常是不稳定的。原因之一在于强烈的性情感（有意识和无意识的），它进入到友情中并干扰了友情。青少年并未从婴儿期强烈的情感纽带中解放出来，并仍然为其所左右，程度甚于他自己所知的。

成年生活中的友谊

在成年生活中，虽然无意识的同性恋倾向在同性间的友谊中起作用，这种友谊的特征是——与同性恋关系不同[8]——爱的情感能在一定程度上与性的情感分离，性情感虽然在一定程度上仍活跃于无意识，但已退至幕后，失去了实际的用途。把性与爱的情感分离同样适用于男女之间的友谊，但友谊这么大的一个主题仅是我题目的一个部分，这里我仅谈论同性间的友谊，即便如此我也只是做点儿一般性的评论。

让我们以两个不太互相依赖的女性间的友谊为例。当有情况出现，有时是这一方，有时是另一方需要对方的保护和帮助。具有情感上给与取的能力是真正友谊的一个基本要素。这里，出生早期情境的要素以成人的方式得以表达。保护、帮助和建议一开始是由母亲给予我们的。如果情感发展而得以自足，我们就不太依赖于母亲般的支持和安慰，但是在痛苦和困难的情境中获得它们的渴望将持续一生。在我们与朋友的关系中，可能有时得到、有时给予一些母亲似的关心和爱。母性和女儿性的成功混合似乎是情感丰富的女性人格和建立与维持友谊的能力的一个前提。（充分发展的女性人格意味着与男性在爱与性的情感上建立与维持良好关系的能力；但在谈论女性间的友谊时，我指的是升华了的同性恋倾向和情感。）我们在与姐妹的关系中可能有机会去体验与表达母亲般的照料和女儿般的回应；然后我们就能够轻易地进一步把这种情感运用到成人的友谊中。但是我们可能没有姐妹，或者跟她们在一起体验不到这些情感，在这种情况下，我们与另一个女性发展了友谊，这使童年期的强烈而重要的愿望得以实现，虽然它被成人的需求修饰过了。

我们与朋友分享兴趣和愉悦，但是我们还可以享受她的幸福和成功，即便我们自己缺乏这些。如果我们认同她，分享她的幸福的能力足够强，妒忌和嫉妒的情感就可退至幕后了。

在这种认同中，内疚和修复的成分从未"缺席"。只有当我们成功地处理了对母亲的怨恨、嫉妒、不满和委屈，并看到她高兴而感到高兴，觉得我们并没有伤害她，或者觉得我们能够修复幻想中对她的伤害，我们才能够真正地认同另一个女性。占有欲和委屈不平是友谊的干扰因素，它们导致了过于强烈的要求；实际上，过于强烈的情感可能会破坏友谊。无论何时，当这个发生时，通过精神分析的探索人们发现，早期情境，如未被满足的欲望、委屈不平、贪婪、嫉妒等爆发了，也就是说，虽然当前的事件引起了麻烦，但是源于婴儿期的未解决的冲突在友谊的破裂中起了重要作用。平衡的情感氛围是成功友谊的基础，它一点也不排除感情的强度。如果我们期待太多，如期待朋友补偿我们早期所缺失的，这是不太可能实现的。这种过分的要求大部分是无意识的，因此无法被理智地处理。它们必然使我们遭遇失望、痛苦和憎恨。如果这种过度的无意识要求给友谊带来了干扰，早期情境的确切重复——无论外部境况可能是多么的不同——出现了，那时排在第一位的强烈的贪婪和怨恨干扰了我们对父母的爱，并让我们感到不满和孤独。如果过去对现在的影响不那么强烈，我们就更有能力去选择合适的朋友，满足于他们所给予我们的。

我所说的关于女性间友谊的很多东西同样适用于男性间友谊的发展，尽管因男性和女性心理的不同，他们的友谊会有重要的不同之处。爱与性情感的分离，同性恋倾向的升华，以及认同也是男性友谊的基础。尽管与成人人格相应的因素和新的满足的事由进入到男性间的友情中，他也是在一定程度上寻找与父亲或兄弟的关系的重复，或者试图找到新的密切关系以实现过去的欲望，或者替代性地改善与父亲或兄弟的曾经不能令他满意的关系。

爱的更宽广的方面

把爱从最初所珍视的人那边置换到其他人身上的过程从童年期伊始就朝物体扩展。用这种方式我们发展了兴趣爱好，并把原来给予人的一些爱放在这些活动中。在婴儿的心里，身体的一部分可代表另一部分，一个物体能代表身体的某部分或人。通过这种象征性的方式，在婴儿的无意识中，周围任何的物体都可能代表了母亲的乳房。通过一个渐进的过程，任何被认为是善良美好的东西，任何给身体或在更广泛意义上能带来愉悦和满足之物，都可以在无意识心灵中取代永远丰足的乳房以及整个母亲。因此我们称自己的国家为祖国（motherland），因为在无意识心灵中，我们的国家就代表了我们的母亲，因此我们爱自己的国家，这种情感的性质就如同与母亲的关系。

让我们以探险家为例来阐明最初的关系如何进入到似乎离得很远的兴趣中。探险家出发去发现新的事物，在这种努力尝试中，他们要忍受极度的匮乏，遭遇巨大的危险甚至死亡。除了使人兴奋的外部环境外，还有很多心理因素解释了这种兴趣和对探险的追逐。这里我只提一两个特别的无意识因素。在贪婪中，小男孩有攻击母亲身体的欲望，他觉得母亲的身体是好的乳房的延伸。他还有掠夺她身体的内容物的幻想——其中就有被认为是珍贵的拥有物的婴孩——在他的嫉妒中，他还攻击了婴孩。这种侵入母亲身体的攻击性幻想很快与和她性交的生殖欲望联结在一起。精神分析工作发现，探索母亲身体的幻想促成了男性探索新地方的兴趣，这种幻想是源于孩子的攻击性的性欲望、贪婪、好奇和爱。

在讨论小孩的情感发展时，我指出他的攻击性冲动产生了强烈的内疚感和对所爱者死亡的恐惧，所有这些组成了爱的情感的一部分并强化了爱的情感。在探险家的无意识心灵中，新的地域代表了新的母亲，这将取代真实母亲的丧失。他在寻找"乐土"——那"流淌着牛奶与蜜的地方"。我们已经看到，害怕最爱的人死亡这种恐惧使孩子在一定程度上离开了母亲；但同时这种恐惧也驱动着他重新创造她，在他所从事的任何事中又找到她。这里逃离她和对她的原始依恋都找到了充分表达的出口。孩子早期的攻击性激起了修复、补偿，是把幻想中从母亲那儿掠夺了的好东西放回她体内的驱动力，而补偿的愿望融入到以后探险的驱动力中。因为通过发现新地方，探险家给予整个世界和许多人某种东西。在他的追寻中，探险家事实上表达了他的攻击性和修复的驱力。我们知道，在发现新地区的过程中，与各种因素的斗争，以及克服各种各样的困难需要攻击性。但有时候攻击性表现得更为公开；特别是以前，有些人不仅探险，还去征服和殖民，残酷地对待土著居民。一些早期幻想中对想象中母亲体内婴孩的攻击，以及实际中对新生兄弟姐妹的仇恨，通过对土著居民的态度在现实中表达出来。然而，通过在这个地区繁殖自己民族的人口，修复的渴望获得了充分表达。我们可以看到，通过对探险的兴趣（无论攻击性是否被公开地表达），各种冲动和情感——攻击性、内疚感、爱和修复的驱力——被转移到了另一个领域，远离了最初的那个人。

探险的驱力不需要在对世界的实际探险中得以表达，它可以延伸到其他领域，比如科学发现。探索母亲身体的早期幻想和欲望进入到科学家——比如说天文学家——从他的工作中获得的满足感中。重新发现早年的那个母亲，那个人们事实上或感觉上已经失去的母亲的欲望，在创造性的艺术和人们享受与欣赏艺术作品中也是最重要的。

为了阐明我刚才论述的一些过程，我将以济慈著名的十四行诗《初读贾浦曼译荷马有感》为例[9]。

济慈在这里是从享受艺术作品的角度来谈的。史诗被比喻为"好的城邦和王国"以及"金色的国度"。他自己在读贾浦曼译的荷马史诗时，首度像个天文学家，观测着夜空，这时"新星流入他的视野"。这时济慈成了探险家，

"带着狂野的猜测"发现了新的国度和海洋。在济慈完美的诗歌中,世界代表了艺术。显然,对他而言,科学和艺术的享受和探险源于一处——源于对美丽国度的爱——"金色的国度"。如我之前指出的,无意识心灵的探险(顺带说一下,这是弗洛伊德发现的一个未知领域)表明,美丽的国度代表了被爱着的母亲,接近这些国度的渴望源于我们对母亲的渴望。回到十四行诗,人们可能会认为——没有对它进行任何仔细的分析——那统治着诗歌王国的"智慧的荷马"代表了受钦佩、强大的父亲,儿子(济慈)追随着父亲的榜样,也进入到他渴望的国度(艺术、美、世界——最终是他的母亲)。

类似地,雕刻家赋予他的艺术作品以生命,无论它是否代表了一个人。他在无意识中修复和重新创造了早期爱着的人,这个人在他的幻想中被他毁灭了。

内疚感、爱和创造性

如我所尽力阐明的,一般而言内疚感是创造和工作(即便是最简单的)的根本动机;然而,如果它们太强烈,可能会抑制创新性的活动和兴趣。通过对小孩子的精神分析,这些复杂的关系开始变得清楚。通过精神分析,各种恐惧减轻后,在小孩子身上一直潜伏着的创造性冲动苏醒并在绘画、模塑、搭积木等活动及在言谈中表现出来。恐惧增加了破坏性冲动,因此当恐惧减轻,破坏性冲动也减少了。与这些过程相伴，内疚感和对所爱者死亡的焦虑——以前这些情感是如此压倒一切，因而小孩子的心理是无法应对的——逐渐减少，变得不那么强烈，也能被控制了。小孩对其他人的关心增加了，能够去同情和认同他人，由此爱在总体上增加了。修复的愿望紧密地与对所爱者的关心和对其死亡的焦虑结合在一起，现在这个愿望能够用创造性和建设性的方式来表达了。在对成人的精神分析中，这些过程和变化也能够被观察到。

我已提出，任何欢乐、美和富足（无论是内在的还是外在的）的来源都被无意识地感觉为母亲充满爱的、给予的乳房和父亲的创造性的阴茎，两者在幻想中有着类似的性质——在根本上，是仁慈和慷慨的父母。大自然唤起了人们强烈的爱、感激、崇拜和奉献的情感，与自然的关系和与母亲的关系有很多共同之处，而这早已为诗人所歌公颂。大自然的多种多样的礼物与我们早年从母亲那里接收之物等同，但她并不总是令人满意。我们常觉得她吝啬，使我们受挫；我们对她的情感的这一面在我们与自然的关系中再次呈现，自然也常常不愿给予。

自我保存需求的满足与对爱的渴望的满足永远是彼此结合在一起的，因为它们在一开始就源于一处。母亲最初给了我们安全感，她不仅平息了饥饿的痛楚，还满足了我们的情感需求，缓解了焦虑。因此，基本需求满足所带来的安全感与情感的安全感联结在一起，而且这两种安全感愈发被需要，因为它们抵消了早期对失去所爱的母亲的恐惧。衣食无忧所带来的安全感在无意识幻想中还意味着，我们没有被剥夺爱，没有失去我们的母亲。失业者和努力找工作的人脑子里首先是他的基本物质需求。这里我并不低估贫穷带来的实际苦难和悲伤，无论是直接还是间接的；但是源于最早期情感情境的悲哀和绝望使得实际的痛苦更为强烈，那时因为母亲没有满足他的需求，他不仅觉得被剥夺了食物，还觉得失去了她，失去了她的爱和保护。⑩失业还剥夺了他表达建设性倾向的机会，这是处理他无意识的恐惧和内疚感——即修复——的最重要的方式之一。周遭环境的残酷（虽然这可能部分是由于令人不满意的社会制度，因此给了生活在困苦中的人一个现实理由去责备他人）与所畏惧的父母的无情有些共同之处——在焦虑重压下的孩子相信父母是无情的。与此相反，提供给穷人或失业者的帮助——物质的或精神的——除了它实际的价值外，还被无意识地感觉为证明了亲爱的父母的存在。

返回到与自然的关系上。在地球上的有些地方自然环境是残酷而具有破坏性的。然而，人们与自然环境中的各种危险作斗争，无论是干旱、洪涝、严寒、酷热、地震还是瘟疫，而不愿放弃他们的土地。诚然，外界的环境起了很重要的作用，也许这些坚韧的人们没有离开他们成长之地的可能性。然而，在我看来这似乎不能完全解释人们为了留在故土有时候能够忍受这么多的艰难困苦这一现象。对生活在如此艰难的自然条件下的人而言，为生计而奋斗还（无意识地）起了别的作用。对他们而言，自然象征着吝啬且苛刻的母亲，她的礼物必须被强力取走，借此早期的暴力幻想被重复并被付诸实现（以升华了的、社会适应的方式）；由于无意识地为自己对母亲的攻击冲动感到内疚，他以前认为（而且目前在与自然的关系中仍然无意识地认为）她会对他很严厉。内疚感成了修复的动机。因此与自然的斗争在一定程度上被感觉为了保护自然的斗争，因为它还表达了补偿她（母亲）的愿望。因此与严酷的自然作斗争的人们不仅照顾了自己，也在为自然服务。通过没有切断与自然的联结，他们保存了心中母亲早年的景像。通过与她保持接近——现实中通过不离开自己的国家——他们在幻想中保全了自己和母亲。与此相反，探险家在幻想中寻找一个新的母亲，以代替那个他觉得疏远，或无意识地害怕失去的真实的母亲。

与我们自己和与他人的关系

我已经谈了个体对他人的爱和与他人关系的一些侧面。然而，如果不试着阐述一下所有关系中最复杂的一种，即我们与自己的关系的话，我是难以结束此文的。但是，什么是我们自己呢？我们从出生开始经历的所有一切，无论是好或者坏；我们从外界接受的一切和我们内心感受的一切，快乐和不快乐的经历，与人们的关系、各种活动、兴趣和各种思考——也就是说，我们所经受的每件事物——构成了我们的一部分并筑成了我们的人格。如果我们的一些过去的关系，连带着所有相关的记忆和情感被突然地从我们的生命中擦去的话，我们将感到多么空虚无力啊！多少我们所体验，所回报的爱、信任、满足、安慰和感激将失去！我们中的很多人甚至不愿意错过曾经的一些痛苦经历，因为它们促成了我们人格的丰富。本文中我已多次提到早期关系对以后关系的重要影响。现在我想阐明这些早期的情感情境如何在根本上影响了我们与自己的关系。我们在心中铭记着所爱的人；在一些困难时期我们感到得到他们的指引，会问自己，他们会怎么做，他们是否赞成我们的做法。从我已经讨论的，我们可以得出结论，即我们以这种方式所尊敬的那些人最终代表了所钦佩和所爱着的父母。然而，我们已经看到，小孩与父母建立和谐的关系绝不是容易的，仇恨冲动和这些冲动带来的无意识的内疚感严重地抑制和干扰了早期爱的感觉。诚然，父母可能缺乏爱或理解，而这易于增加各方面的困难。即便是在最佳环境中成长的小孩，仍然在一定程度上有着破坏性冲动和幻想、恐惧和不信任；对在不利条件下成长，有不愉快经历者而言，这些必然是增加了。此外——这也是很重要的——如果在早期生活中没有给予孩子足够的欢乐，没有培养他乐观的态度，那么，他爱和信任人的能力就会受损。然而，并不能就此推出，小孩子爱与快乐的能力与给予他的爱直接成正比。事实上有些孩子在无意识心灵中形成了极其严厉和苛刻的父母形象——这影响了与真实的父母和一般人的关系——即便父母爱他，仁慈待他。另一方面，孩子的心理困难常常与他所遭受的不良待遇不直接成正比。如果由于内部的原因——这些原因从一开始在不同的个体身上就是各种各样的——使得忍受挫折的能力很低。如果攻击性、恐惧和内疚感非常强烈，那么父母实际的缺点，特别是他们做错事的动机会被小孩大幅度地夸大和歪曲，他的父母和周围的人会被认为是以严厉和苛刻为主的。因为我们自己的仇恨、恐惧和不信任易于使我们在无意识心中构造令人恐惧或苛求的父母形象。现在这些过程以不同的程度活跃在我们所有人心中，因为我们都不得不以这样或那样的方式，或多或少地与仇恨或恐惧作斗争。由此我们看到攻击冲动、恐惧和内疚感（这些在一定程度上是由内部原因产生）的数量对我们占主导地位的心态有重要的影响。

有些孩子在受到不好的对待后，在无意识中形成了非常严厉和苛刻的父母形象，他们的心态也灾难性地受此影响；与此相反，有很多的孩子受父母的错误或缺乏理解的不利影响要小得多。因为内部原因，有些孩子从一开始就更能忍受挫折（无论是可避免或不可避免的），也就是说，能够这样而没有严重地被他们自己的仇恨冲动和怀疑主宰——这些孩子会更能耐受父母在与他们的交往过程中所犯的错误。他们能够更多地依靠自己友好的情感，因此内心安宁，不那么容易为外界事物所动摇。没有一个孩子的心是能免于恐惧和怀疑的，但是如果我们与父母的关系主要是建立在信任和爱的基础上，我们就能牢牢地在心中树立他们引导和帮助的形象，这是安慰与和谐的源泉，也是以后生活中所有友好关系的原型。

我已经试着阐明了一些成人间的关系：我们对待某些人，就好像当父母和蔼可亲时待我们那样，或者如我们当时希望他们待我们的那样，由此我们倒转了早期的情境。或者，与某些人在一起时，我们有爱着父母的孩子对父母的那种态度。我们与他人交往中可互换的亲子关系同样在我们与内心中帮助、引导的形象之间被体验着。我们无意识地觉得组成我们部分内心世界的这些人是爱我们、保护我们的父母，我们回报了这种爱，我们觉得自己像父母那样对他们。这些基于真实体验和记忆的幻想关系，构成了我们持续、活跃的情感和想象生活的一部分，并成了我们的幸福和精神强度。然而，如果保留在我们的感觉和无意识中的父母形象主要是严厉的，那么我们就不能够与自己和谐相处。众所周知，过于严厉的良知带来了忧虑和苦恼。不那么为人所知，但为精神分析的发现所证明了的是，内心争斗的幻想所带来的紧张和与此联结在一起的恐惧是我们所称的报复性良知的起因。顺便提一句，这些压力和恐惧可表现在很深的精神障碍中，并导致自杀。

我用了相当不寻常的措辞"与我们自己的关系"。现在我要补充一下，这是与所有我们珍惜与爱自己身上的东西和所有我们恨自己身上的东西的关系。我已试着说清楚了，我们珍爱的自己的一部分是我们在与他人的关系中累积起来的财富，因为这些关系和与他们联结在一起的情感已经成了一种内在的拥有。我们恨心中严厉苛刻的形象，这也是我们内心世界的一部分，而且在很大程度上是我们自己对父母的攻击性带来的结果。然而，我们最强烈的恨，在根本上是指向我们自己内心中的恨的。我们是如此害怕内心中的恨，因此被驱使着用一种最有力的防御方式——把它放在其他人身上——投射它。但是我们一样地把爱置换到外部世界；只有当我们在心中建立了与友好形象的良好关系以后，我们才能真正这样做。这是一个良性循环，因为一开始在与父母的关系中，我们获得了爱和信任；接下来，伴着这些爱与信任，我们把它们摄入到体内；然后，我们又把爱反馈给外部世界。我们的恨也有一个类似的循环；因为如我们所看到的，恨使得我们在心中建立了令人恐惧的形象，然后我们就易于赋予他人令人讨厌的、恶意的品质。顺便说一下，这样的心态可在事实上使得别人对我们不友好，不信任我们，而相反我们自己友好和信任的态度易于激起别人的信任和仁爱。

我们知道，有些人，特别是年纪大了后，变得越来越尖酸；而一些人则变得更温和，更能体谅和宽容别人。大家也知道，这种不同是因心态和性格的不同，而不仅仅与顺利或不顺利的生活经历相应。根据我所说的，我们可以得出结论，即怨恨，无论是对人还是对命运——这种怨恨常在与两者的关系中被体验——在根本上建立于童年，可在以后的生活中被巩固和加强。

如果爱没有在憎恨、委屈和怨恨中被窒息，而是牢牢地在心中确立，那么对他人的信任和对自己仁爱的信任就如磐石般能够抵御外界的风吹雨打。当不幸的事情发生时，那些沿着这条线发展的人能够在心中保有好的父母——父母的爱是不幸中可靠的帮助，而且能够再一次在外部世界中找到代表父母的人。在幻想中倒转情境和认同他人的能力是人类心灵的一个伟大的特点，有了这种能力后，人就能把自己也需要的爱和帮助分给他人，而且通过这种方式，自己也获得了安慰和满足。

我以描述婴儿的情感情境开始，在他与母亲的关系中，母亲是他从外界得到仁慈和爱的最初和最重要的源泉。我接着谈到，对婴儿而言，没有被母亲喂养的那种至高的满足感是极端痛苦的。然而，如果他的贪婪和受挫后的憎恨不太强烈的话，他能够逐渐地与她分离，同时从其他地方获得满足。这些愉悦的新客体在他的无意识中与从母亲那儿获得的最初的满足联结在一起，这就是为什么他能接受其他的享受，作为最初享受的替代品。这个过程可被描述为既保留了原始的慈爱，又替换了它；这个过程越是进行得顺利，婴儿心中留给贪婪和怨恨的余地就越少。但是，如我频繁强调的，与毁灭所爱的人的幻想联结在一起的无意识的内疚感在这些过程中起了根本的作用。我们已经看到，婴儿在贪婪和怨恨中产生了毁灭母亲的幻想，这些幻想导致了内疚和悲伤的情感，内疚和悲伤启动了治愈这些想象中的伤害和修复她的驱力。这些情感对婴儿接受母亲的替代品的愿望和能力有重要的影响。因为内疚感引起对依赖所爱的人的恐惧，小孩子担心会失去母亲，因为当攻击涌现时，他感觉他在伤害她。对依赖的恐惧是推动他与她分离的因素——推动他转向其他人和物，并由此扩大兴趣范围。正常情况下，修复的驱力可以牵制源于内疚感的绝望，希望将胜出，孩子的爱和修复的欲望将无意识地传给新的爱与感兴趣的客体。如我们已经知道的，这些在婴儿的无意识中与最初爱的人联结在一起，他在新的人际关系和建设性的兴趣活动中再次发现或重新创造了母亲。因此修复——这是爱的能力的一个本质要素——在范围上扩大了，孩子接受爱和通过各种方式从外界摄入仁慈的能力稳定地提高了。"给"与"取"之间的令人满意的平衡是更深的幸福的首要条件。

如果在最初的发展中，我们能够把兴趣和爱从母亲那里转移到其他人和其他的满足来源上的话，那么，也只有在这种情况下，我们能够在以后的生活中从其他来源获得愉悦。这使得我们能够通过与其他人建立友好的关系来补偿与某个人有关的失败或者失望，接受我们无法获得或无法保留的东西的替代品。如果我们内心受挫的贪婪、憎恨和怨恨没有干扰到与外界的关系，那么是有无数的途径从外界吸收美、仁慈和爱的。通过这样做，我们不断地增加快乐的记忆，并逐渐建立了一个珍宝库，这使我们获得了不易被动摇的内心安全感和防止觉得辛酸不平的满足感。此外，所有这些满足除了带来愉悦外，还减少了挫折（更确切地说，挫折感），无论是过去还是现在，并可追溯至最早期和根本的那些。我们所体验的真正的满足感越多，对丧失和剥夺的憎恨就越少，也就越少为我们的贪婪和怨恨所影响。然后我们就能够真正地去接受别人的爱和仁慈，并把爱给予别人；作为回报又获得更多。换句话说，"给与取"本质上的能力是以这样的方式在我们身上发展的：确保我们自己的满足，并达成他人的愉悦、舒服或幸福。

总之，与我们自己的良好关系是爱他人、宽容他人并明智待人的前提。如我所竭力表明的，与自己的良好关系部分地从对他人——即那些在过去对我们意义重大的人——的友好、爱和体谅的态度中发展而来，而且我们与这些人的关系已经成为我们心灵和人格的一部分。如果在无意识深处我们能够在一定程度上清除对父母的怨恨感觉，并原谅他们让我们忍受了挫折，那么我们就能与自己和谐相处，并能够在真正意义上热爱他人。

注释

① 为了简化我在这个讲座中所描述的非常复杂而且不熟悉的现象，在谈到对婴儿的喂养情境时，我都是仅指母乳喂养。我所说的与母乳喂养有关的大部分东西，以及从中得出的一些推论，也同样适用于奶瓶喂养，尽管会有一些不同。在这一点上我想引用一段《关于养育孩子》（由五个精神分析师合著，Kegan Paul，1936）中我所写的《关于断奶》这一章的内容："奶瓶是妈妈的乳房的替代物，它使得婴儿获得吮吸的乐趣，而且在与妈妈或照料者给予的奶瓶的联结中，在一定程度上建立了乳房—妈妈的关系。经验显示，没有被母乳喂养的孩子发展得也很好。

② 对很小的孩子的精神分析，使得我能够得出比较早期的心灵的工作模式的结论，这些工作让我坚信这些幻想在婴儿期就已经很活跃了。对成人的精神分析显示，这些早期的幻想生活的影响是持久的，并深刻地影响着成人的无意识心灵。

③ 如同我在前面所说，爱与恨的交织互动一直持续在我们每个人身上。然而，我的主题关注的是：爱的感觉是如何发展、强化和稳定下来的。尽管我并没有很多地谈到攻击性，我得说清楚它也是活跃着的，即便是那些爱的能力得到非常好的发展的人。一般而言，这些人的攻击性和仇恨（后者减少并且在一定程度上通过爱的能力得到平

衡）很多地以建设性的方式被应用（如同所用的术语"升华"）。事实上并没有什么富有成效的活动是没有攻击性参与其中的。比如说，家庭主妇的工作：清洁等自然是表达了她想把家收拾得让他人和自己愉悦的欲望，这也显示了她对他人以及对她所关注的东西的爱。但是与此同时，她在摧毁敌人——脏东西——的过程中也表达了她的攻击性，这些脏东西在她的无意识心灵中代表了"坏"的事物。源于最早时期的原始的仇恨和攻击性可能会在强迫性清洁的妇女身上显露出来。我们都知道有这样一类妇女，她们通过持续地"清洁整理"使得家人都生活在悲惨中；在这之中仇恨事实上指向了她所爱和所关心的人。去憎恨那些我们认为值得憎恨的人或事——无论是我们不喜欢或不同意的人或原则（政治的、艺术的、宗教或道德的），这是表达仇恨的一般的出口，而且这种方式是被允许的，在现实中对我们的仇恨、攻击性、轻蔑和轻视这些感受也是具有建设性的，只要它们不是太极端。这些情感尽管是以成人的方式在被应用着，但在心底是我们在童年期体验到的对父母又爱又恨的情感。尽管那时候我们试图爱父母并把仇恨转向其他的人和事，当我们在成年生活中发展并稳定了我们爱的能力，并且拓展了我们的兴趣、爱恋和仇恨的范围时，这一过程会更为成功。再举几个例子：律师、政治家和批评家的工作涉及与反对者进行斗争，但是是以被允许而且被认为有益的方式进行的。在此前述的结论依然适用。攻击能够合法甚至被赞赏的众多表达途径之一就是在比赛当中。比赛时对手暂时性地被攻击，攻击时伴随着源于早期的情感情境，而这种暂时性减轻了内疚感。由此那些很善良而且能够爱的人通过很多方式——升华和直接的——让攻击性和仇恨得以表达。

④在考虑成人的情感和关系时，我在本文中主要论述孩子早期的冲动和无意识情感、幻想对成人后的爱的表现形式的影响。我知道这自然会导致片面和公式化的阐述，因为通过这种方式，我无法适当地处理在漫长的生活史中来自外部世界的影响和个体的内在力量间的互动所起的作用，而所有的这一切共同塑造了成人的关系世界。

⑤以男孩为例，他希望一天二十四小时都拥有妈妈，与她性交，让她生孩子，杀死父亲，因为他嫉妒他，要剥夺兄弟姐妹所拥有的任何东西，而且如果他们挡了他的道，他就把他们赶出去。显然如果这些不可行的愿望被实现了，会引起他最深的内疚感。即便只是意识到没什么破坏性的欲望也会激发深深的内疚感。比如说，很多孩子会感到内疚，如果妈妈最喜欢他，因为这样的话爸爸和其他兄弟姐妹会相应地受到忽略。我说在无意识心灵中同时有着相反的愿望就是这个意思。孩子的欲望是不受约束的，与这些欲望相关联的破坏性冲动也是如此；但与此同时，他无意识或有意识地，有着相反的倾向。他还希望给予他们爱并进行修复。事实上他本人想要让周围成人约束他的

攻击性和自私，因为如果这些冲动完全自由的话，他会受懊悔和没有价值感这些痛苦的折磨。事实上，他依赖从成人那里获得帮助，就如同任何他所需要的生活上的帮助。因此，如果试图通过一点儿也不让孩子受挫来解决孩子的困难，这在心理上是不适当的。自然，在现实没有必要而且是专制带来的挫折，除了缺乏爱和理解之外没有任何别的，这样的挫折是非常有害的。孩子有能力找到途径去忍受难以避免的必然的挫折，并且有能力去解决部分是由这些挫折带来的爱与恨的冲突；也就是说，孩子找到方法去解决由挫折所增加的恨、和他爱的愿望并进行修复，以调控懊悔所带来的折磨；孩子的发展有赖于这种能力并且在相当程度上由这种能力所塑形，意识到这一点很重要。孩子在心灵层面让自己适应这些问题的方法成为他后来的社会关系、他的成人的爱的能力以及文化发展的基础。童年期周围给予他的爱和理解会给予他极大的帮助，但是这些深层的问题既不能因此被解决也不会被消除。

⑥父母的苛刻或缺乏爱会引起类似的有害影响（尽管会以不同的形式出现）。这就涉及到一个重要话题：环境是如何以有利或不利的方式影响到孩子的情感发展的。然而这个话题超出了本文的范畴。

⑦性幻想和欲望在无意识心灵中依然活跃，并且在一定程度上表现在孩子的行为、游戏和其他活动中。如果压抑得太厉害，如果幻想和欲望被埋藏得太深而且找不到途

径表达，这可能不仅会强烈地抑制他的想象活动（以及其他各种形式的活动），还会严重地阻碍个体将来的性生活。

⑧同性恋关系是一个宽泛而且非常复杂的话题。要充分地阐述它自然需要比我现在所拥有的更大的空间。因此我就限制我自己，只是谈谈可以有大量的爱投入到这样的关系中。

⑨为了方便起见，我引用了整首诗，虽然它广为人知：

我游历了很多金色的国度，

看过不少好的城邦和王国；

还有多少西方的海岛，

歌者都已使它们向阿波罗臣服。

我常听到有一境域，广阔无垠，

智慧的荷马在那里称王：

我从未领略的纯净、安详，

直到我听见贾浦曼的声音，无畏而高昂。

于是，我的情感

有如观象家发现了新的星座，

或者像科尔特斯，以鹰隼的眼

凝视着太平洋，而他的同伙

在惊讶的揣测中彼此观看，

尽站在达利安高峰上沉默。

⑩在对儿童的精神分析中，我常常发现，孩子在不同

程度上害怕被逐出家门，作为对无意识的攻击性（想把其他人逐出家门）和现实已经做了的伤害的惩罚。这种焦虑在很早的时候就植入并且强烈折磨着孩子的心灵。其中的一个例子：害怕成为孤儿或者乞丐，无家可归没得吃。通过我对孩子的观察，孩子现在的这种对穷困的恐惧与父母的经济状况无关。在后来的生活中，这样的恐惧在个体失去金钱、或者必须放弃掉房子、或者失去工作时会增加现实的困难，使得个体更加痛楚并增加深层的绝望感。

译后记：缘分的天空

2004年我在德国汉堡的巴林特图书馆，无意中看到了《爱·恨与修复》的德文版的书，尽管自己德语水平有限，还是被深深吸引了。后来在该图书馆的 Melanie Klein 文集中找到了《爱·内疚和修复》的英文文章，又在法兰克福的弗洛伊德研究所 Joan Riviere 的著作中找到了《恨·贪婪和攻击》的英文稿。当时很欣喜，2005年回上海后大概两个月的时间就把这本小书给翻译好了，很希望能够与大家分享。由于版权问题，这本小书的中文版在翻译好8年后终于可以面世，真是得偿所愿。

生命本是一场欢笑，但生活在其中染上了渣滓。自我的修行就是不断在涤荡这些渣滓的过程，最后达到内心的平和与喜悦。

成长路上得到很多帮助，在此要特别感谢肖泽萍老师、Antje Haag 老师和 Inge Müller – Proske 女士；也要感谢我自己，感谢那泪水和欢笑与共的岁月，感谢每个相遇的缘分。

吴艳茹

2013年7月31日于上海